『花のパソコン道』によせて

東京電機大学　未来科学部学部長　教授　安田　浩

　東京電機大学では、日本初、世界でもおそらく初の試みという、高齢者向けパソコン講座の講師を養成する「デジタル未来塾」を開講しました。若宮さんには、「エクセルでアート」という、ご自身が考案されたパソコンの学び方・楽しみ方を講義していただきました。参加された受講生の方々をはじめ、各方面からこの講義は高い評価をいただきました。

　デジタル未来塾を開設したのは、「高齢者がデジタル機器を使えないと、日本は没落する一方だ」という、危機感があるからです。たとえば、高速道路料金ノンストップ収受システムの「ETC」は、高速道路利用者全員がETCを使うことで、料金収受係員が不要になり、効率化されます。しかし、一人でもETCを利用していない人がいると、すべての出入り口に料金所が必要となり、導入効果は大きくありません。

　このように、新しい情報通信技術に馴染めない人に使用してもらえるように支援するのは、高齢者が楽しんで豊かになるだけではなく、社会全体の効率化向上にも大きな意義があるのです。高齢者がデジタル機器を楽しむように仕向ける人を育てる、それがデジタル未来塾です。

　現在では、デジタル機器の性能もかなり向上して、高齢者にも使いやすくなりました。一番大きいのはスマートフォンの普及です。画面が大きくなり、文字だけではなかなか上手に伝わらないことでも、画像なら一目見ればわかりますので、画像をベースにしたコミュニケーションは、

すべての人に優しさをもたらします。このことからも、高齢者への情報技術の利用支援は、ますます重要かつ大きな市場になります。

　若宮さんの書かれた『花のパソコン道』には、高齢者がパソコンやインターネットを使う場面で遭遇する、さまざまなトラブルやニーズが描かれています。技術者はもちろん、情報通信産業に関わるすべての方々が、本書から多くの気づきを得られることを確信しています。

はじめに

～パソコンがくれた翼で広い世界へ～

　今日この頃、我々高齢者も、いわゆる「デジタル・アレルギー（機械が苦手）」があっては、だんだん生きにくくなってきました。

　病院へ行くにも、駅の切符売り場でSuicaにチャージし、自動改札を通って目的の駅で降りて病院へ行く。外来受付で、検査予約票のQRコードを機械にかざして読み取らせて、検査受付票を自動発行させ、それをもって指定された番号の検査室へ行く。

　帰り道、銀行でお金をおろそうとすると、あの面倒なATMに立ち向かわなくてはならない。

　帰ってみると、ポストに「宅配便ご不在連絡票」が入っている。指定の番号に電話すると、切り口上の自動音声応答の声が。

　というわけで、毎日、機械に取り囲まれて暮らさなくてはならないからです。

　そして、日本の少子高齢化傾向に、近い将来歯止めがかかることは期待できそうもないので、シニアも今後ますます何から何まで機械のお世話にならざるを得ない暮らしが待っているという覚悟が必要なようです。

　一方、独居、また準独居のシニアが増えつつあるそうですが、「孤立しがちなシニア」には情報機器を活用した「交流」が非常に役立つと私自身の経験から信じています。

　といいますのは、１０年前、認知症ぎみの母と二人きりで暮らしてい

たころ、今週はまだ誰とも話らしい話をしていないということがよくありました。

テレビは話しかけてはくれますが、何分、一方通行で話し相手にはなりません。ということで私はストレスがたまっていきました。

その「孤立感」からくるストレスを解決してくれたのが当時唯一の個人向けの情報機器であった「パソコン」でした。

そのあたりの経験談をベースに本書を書かせていただきました。

従来のいわゆるパソコン本は、専門家の手になるものが多いのですが、本書はひどい機械音痴の私が、初心者としてシロウトとしての目線から書いたものです。

ですから、本書のなかの「用語説明」などは、正確さにおいて問題が多々あると思います。しかし、「さっぱりわからない」よりは「多少不正確でも少しはわかる」ことのほうを大切にしました。

また、楽しくお読みいただくために、やる気に満ちたアクティブシニア群像を中心とした親しみやすいストーリー形式にしてみました。

これからデジタル機器を学習してみたいと思っておられるシニアの方々へ少しでもお役に立てましたら幸いです。

2014年8月　若宮　正子

目次

『花のパソコン道』によせて ……………………………………………………… 1

はじめに ……………………………………………………………………………… 3

1. いざ、出陣の巻 …………………………………………………………………… 7
■1-1 登場人物紹介 ………………………………………………………………… 7
■1-2 私は何を買ったらいいの？ ………………………………………………… 11
■1-3 機械にも、それぞれ得意技がある ……………………………………… 18
■1-4 "パソコン道有段者"とは、ちゃんと買い物ができる人 ……………… 22
■1-5 頼らず甘えず～パソコンを箱から出す～ ……………………………… 25
■1-6 頼らず甘えず～開店準備にゃ手間がかかる～ ………………………… 32
■1-7 頼らず甘えず～書いてあることをよく読む～ ………………………… 34
■1-8 頼らず甘えず～パスワードと上手く付き合う～ ……………………… 36
■1-9 頼らず甘えず～怖がるなパソコンを～ ………………………………… 38

2. 楽しみながら慣れていこうね ……………………………………………… 40
■2-1 ゲームでマウスに慣れようね ……………………………………………… 40
■2-2 文字打ち練習はラブレターで ……………………………………………… 43
■2-3 文字打ち練習～「昔の記録」を書いてみる～ ………………………… 46
■2-4 冷凍庫より便利「名前を付けて保存」……………………………………… 47
■2-5 タッチパネルを体験してみる …………………………………………… 50
■2-6 「お絵かき」で納得、コンピューターの賢さ ………………………… 52
■2-7 インターネットと仲良く …………………………………………………… 56
■2-8 たまには先輩の失敗談も …………………………………………………… 61
■2-9 メール～便利にして且つ厄介なもの～ ………………………………… 64
■2-10 可愛いパソちゃんを守ってあげよう ………………………………… 71

3. もう少しパソコン君と親しくなろう …………………………………… 81
■3-1 ウィンドウズ君って、何もの？ ………………………………………… 81
■3-2 パソコンの回りはなぜ「穴だらけ」？ ………………………………… 85
■3-3 「紐付き」でないインターネットを …………………………………… 86

4. パソコンを使いこなすチカラ ……………………………………………… 89
■4-1 ウェブサイトを「読み取る力」を ……………………………………… 89

5. いろいろなサービスとどう付き合うか …………………………………… 95
■5-1 「スカイプ」で「スカイプ」の話を …………………………………… 95
■5-2 YouTube ………………………………………………………………… 99
■5-3 Ustream …………………………………………………………………… 102
■5-4 ＳＮＳ「Twitter」 ……………………………………………………… 106

■5-5　ＳＮＳ「Facebook」 ……………………………………………… 108
■5-6　ＳＮＳ〜シニア向けのＳＮＳも ……………………………… 110

６．トシをとったら目も耳も ………………………………………… 112
■6-1　パソコンの画面をもっと見やすく ………………………… 112

７．パソコントラブル、まず落ち着いて ……………………… 118
■7-1　突然、メールが送れなくなった …………………………… 118
■7-2　写真が見られない …………………………………………… 121
■7-3　音が聞こえない ……………………………………………… 125
■7-4　猛暑にやられた ……………………………………………… 129
■7-5　トラブルがあなたをベテランにする ……………………… 130

８．ひと様のお役に立てた ……………………………………… 133
■8-1　デイ・サービスでタブレット音楽会 ……………………… 133
■8-2　「電気製品」のサポートもできた ………………………… 136

９．特別講座「スマホとタブレット」 …………………… 149
■9-1　それぞれ、どこが違うの? ………………………………… 149
■9-2　スマホは、シニアに役に立つか …………………………… 152
■9-3　お楽しみ系アプリの可能性の拡大 ………………………… 153

１０．終業式 ……………………………………………………… 155
ご愛読、ありがとうございました。 …………………………… 155

1．いざ、出陣の巻

■1-1　登場人物紹介

先達の面々

マーチャン
　７９才。独居。パソコンのお師匠さん。
　人生、７０代８０代は伸び盛り、まだまだ成長するという妄想を持っている。
　毎日、ひとつずつ新しいことに挑戦すると豪語している。

熟年さん
　７３才。１０年前、サラリーマンを卒業。

いつの間にか「夕陽の丘パソコンクラブ」の塾長になり、師匠の代稽古を務めている。
このクラブとともに成長した人。

つる子さん　　　ママ

つる子さん

　７０才。熟年さんのおくさん。一昨日、古希を迎えた。
　控えめながら熟年さんとクラブを支えている。

ママ（スナックママ）

　７４才。元、スナックのママ。クラブでは単にママと呼んでいる。
　伊達に苦労はしていない。まだ、色気もやる気も十分。

シャチョー　　　　　ヒロシ君　　　　　夕映えさん

シャチョー
　７８才。元土木建築業。社長ではなく──シャチョー。
オトコ気のある人。ママにライバル意識を燃やす。
彼女がパソコン道に入門したと聞き、あわてて入門。

ヒロシ君
　Ｐ大３年生。ラグビー部を退部して、
シニアパソコンボランティアをしている。
事故で両親を早くに亡くし、オバーチャンに育てられた。
気は優しくて力持ち。

夕映えさん
　６９才。コンピューターの最先端の技術者。
１０年前に脳梗塞を患い、長い闘病の末カムバック。
右手右足が不自由で、会話も不自由。
昨年、奥様が急死。目下、在宅で仕事中。

クラブの頼りになるサポーター。

新弟子の面々

　　　モトメカさん　　　タックスさん

モトメカさん
　７３才。元大手電機会社重役。
　パソコン出直しを決意。やる気十分。
　だか、とかく、ノーガキが多い。

タックスさん
　７６才。元国税査察官。マルサの男。
　奥さんに言わせると「段ボール箱の運び屋さん」。
　そう、職場結婚の奥さんにはアタマが上がらない。
　何しろ女性ながら税務署長となり、
　退職後は税理士の資格を取ってしっかり働いておられるのですから。

夢子バーチャン　　いどっこねえちゃん

夢子バーチャン
　７８才。手芸や編み物大好き。パソコンでお絵かきがしたい。
　白内障の手術も済ませ、補聴器も付けた。
　自称永遠の少女。一人暮らし。
　「夢子の夢」は、ネット上に「趣味のお店を出すこと」。

いどっこねえちゃん
　７６才。東京下町の出身。
　小さいとき、東日本の父君の郷里に長く縁故疎開していたので、「イドッコ弁」が上手く使えない。
　将来の夢は「情報機器を使って世のため人のためになることをしたい」。

■1-2　私は何を買ったらいいの？

マーチャン：　はーい。みなさんお揃いになりましたね。
では道々お話しましょうね。
そうそう今日はね、午前中に「クッキリカメラ」と「ヤマカジ電気」へ

行って、途中でお食事をして、午後は「ワリカンカメラ」へ回りましょう。

いどっこねえちゃん： わあ、嬉しい。わたしお買い物大好きなの。

マーチャン： ここがクッキリカメラのデジタル機器フロアです。

タックスさん： いやぁ、しかし、いろいろありますな。
我が家では、家内のパソコンが2台。
それと家内用の「ガラケー」と称する昔ながらのケータイがあるのみです。
これが、スマホというものですか。
こっちにあるスマホのでっかいのは、大スマホというのでしょうかね。

モトメカさん： 私が現役のときは、こんなものはなかった。
一体いつからこんなことになったんだ。
これじゃ、わずか5年現場を離れていると浦島太郎になってしまう。
恐ろしいことだ。

夢子バーチャン： 私、性能のことはわかりませんが、このピンク色のがほしいわ。

マーチャン： ハハハ。まず「お買い物」の前に「何を買うか」を考えましょう。

モトメカさん： みんな、先生おすすめの機種を一斉に買えば簡単じゃないですか。

シャチョー： そうはいかないのよ。
Tシャツ買うときだってさ、夢子バーチャンとオレじゃ、サイズも好きな色も柄も違うでしょ。

いどっこねえちゃん： おまけに、私たち、Ｔシャツと違って、こんな機械とはさっぱり馴染みがないじゃない。選びようがないのよ。

タックスさん： 一度、フランス料理屋に連れて行かれたときに「アントレは何にしますか」って聞かれて、きょとんとしていて笑われましたが、あれと同じですな。
わからないものを選ぶのは難しいんですな。

夢子バーチャン： そういうときは、ウエイターの方へ「脂っこいものは苦手」とか「鶏肉は好き」と好みを言って、選ぶのを手伝ってもらえばいいのよ。
お酒の相談はソムリエさんにお願いするのよ。

モトメカさん： 先生、おしゃべりばかりさせていないで、早く決めてくださいよ。
時間がもったいないですよ。

マーチャン： おしゃべりは大切です。
今の皆さんのおしゃべりのなかで、皆さんは「何を買うか」について、ご自分たち自身でどうすればいいかを考えておられたのです。

じゃ、お昼をいただきながら、私やここの教授陣がソムリエさんになったつもりで、皆さんにふさわしい機器を選ぶお手伝いをしましょう。

（駅前通りのイタ飯屋で）

マーチャン： ここの定食のチョイスは、前菜、メイン、デザート、それぞれ３種類から選ぶのよ。

タックスさん：　ああ、それでも迷いますなぁ。

夢子バーチャン：　あの、マーチャンせんせ。

実は、息子が「今度、新しいパソコンを買ったから、７年前に買った古いのをバーチャンにあげるよ。これでも、当時は２０万円もしたんだ。バーチャンならば６万円でいいよ」と申しますのですが、いかがなものでしょう。

どっちみち初心者ですから、お安いのでよろしいのではございません？

マーチャン：　おすすめできません。きっぱり。

パソコンの寿命はせいぜい６〜７年です。

基本ソフトの保守の期間も限られています。

機械としても、あとよく持って数年です。

使い方が難しいといわれているパソコンも、それなりに進歩して使いやすくなっています。

ベテランなら古いパソコンをなんとか使いこなせるでしょう。

でも、七十路の初心者には大変です。

そうそう、このところ、パソコンはお安くなって１０万円で結構いいものが買えます。

困るんですよ。よく中途半端に親孝行な息子さんや娘さんから、「おさがり」ならぬ「おあがり」を押し付けられて、扱いかねて苦労しておられる方がいらっしゃって。

モトメカさん： 先生、まず、このスマホ——これはいったい電話なのですか、コンピューターなのですか？

マーチャン: いい質問ですね。

モシモシ電話機能付き小型コンピューター。

または「コンピューターみたいなケータイ」と言ってもいいですね。

夢子バーチャン: でもさあ、こんなに小さくてもコンピューターの仕事ができるのだったら、電話も付いていなくて図体の大きいパソコンなんて意味ないんじゃない？

マーチャン: これも、いい質問ですね。

タックスさん: こんなに小さいと、目の悪い私には使いにくいですね。家内はパソコンを使うときだって、どうやるのか知りませんが、字を大きくして見ていますよ。

熟年さん: みなさんが何を買えばいいかを考えるために、次の質問に答えてください。

・みなさんは、毎日外出しますか？

・ガラケーはお持ちですね。どのように使っておられますか？
  （ガラケー：従来型の携帯電話）

・それから、こういう情報機器を使えるようになったら何がやりたいですか？

いどっこねえちゃん: 私は、だいたい毎日出歩いています。

ほら、町内会の役員と、老人クラブの世話役を引き受けているでしょう。

ガラケーはモシモシ電話だけです。

町内会のイベントのチラシや会計報告なんかが自分で作れるといいな、と思っているの。

モトメカさん： 散歩のみ。一日３０分。

週一回程度、家内の買い物の荷物運び。

ガラケー不携帯、ガラケーは家で留守番。

何がやりたいかというと、こういう道具が使えるようになりたい。

パソコンもスマホもタブレットも自家薬籠中の物にしたいのだ。

夢子バーチャン： 私は、絵のサークルと手芸教室にそれぞれ週一回。

ガラケーは、電話とショートメッセージくらい。

将来、自分の作品を売るネットショップを持つのが夢です。

タックスさん： 私は、いわゆる主夫をしていますので、買い物や近くに住む孫の保育園の送り迎え、家内の仕事の手伝いと、外出の機会は多いほうです。

ガラケーは結構使っています。

どんな機械でもいいです。新しいことに挑戦することが認知症予防につながればいいなと思っています。

■1-3　機械にも、それぞれ得意技がある

モトメカさん： いったい、パソコンとスマホ、どっちが性能が優れているんですか？

シャチョー： 性能の問題ではないのね。

パソコンは家や事務所でじっと座って仕事をするのに向いているわけ。

スマホはね、出先で使いやすいというか、出先で必要なものがいっぱい入っているの。

つる子さん： そうですね。メールを送るとか、インターネットで調べ

ものをするとか、そういう仕事はパソコンでもスマホでもやれます。
でも、写真を撮ったり、道に迷ったときに地図で行先を調べたりするのは、出先で必要なことでしょ。
そういう仕事はスマホの得意技ですの。

ママ： 長い文章を書いたり、会計報告なんかを作るのは、やっぱりパソコンでなけりゃ無理よ。

熟年さん： それから、本格的にビデオの編集をするとか、インターネットにお店を出すとかだったら、パソコンは必要ですね。

シャチョー： 面白いゲームを楽しんだりするには、なんといってもスマホだよ。
それから、オレみたいなメタボちゃんは医者に「運動しなさい」って言われてるんだけれど、スマホの歩数計はカロリーの消費量とかが詳しくわかるからありがたいの。

つる子さん： 普段作らないお料理をするときなど、キッチンにスマホを持ち込んでお料理のレシピを見ながら仕事をしますと便利ですわ。

マーチャン： みなさんの話を聞いてわかったと思うけれど、性能の問題じゃないのね。
何に使うか、どういう使い方をするかで決まることなの。
それと、スマホの通信料もだんだん安くなるから、パソコンを買って使い方を覚えながら、折を見てガラケーをスマホにする、というのもありよね。

タックスさん： 5つ違いの姉が婆楽市で一人暮らしなのですが、「俳句

仲間」から、おそろいのスマホを買って俳句のグループを作らないかと誘われているらしいのです。

パソコンは無理でもせめてスマホが使えればと思うのですが、８０才を過ぎていてもなんとかなるでしょうか。

マーチャン：　それはいいですね。お仲間があって目的がある方は大丈夫です。

お姉さまのお住まいの近くにも、スマホの使い方を教えるスマートスクールがあったと思いますよ。

熟年さん：

インターネット上にお店を出したい……夢子さん

町内会や老人クラブの書類作りなどをしたい……いどっこねえちゃん

すべての機器を征服したい……モトメカさん

は、パソコンを買うほうがいいでしょう。

ところで、タックスさんはどうしますか？

お宅にはパソコンはあるし、外出の機会も多いからスマホにするという手もありますよ。

タックスさん：　私もいろいろ経験してみたいので、まずは、みなさんとご一緒にパソコンの勉強をさせていただきます。

いどっこねえちゃん：　でもさあ、私、スマホにも未練があるの。

モトメカさん：　私もすべての機器を征服するつもりだ。

夢子バーチャン：　私は、タブレットに興味があるの。

お友達、タブレットで音楽会をやっているのよ。

モトメカさん： さっき見た範囲では、指の太い私にはスマホは無理そうだ。
女子高校生みたいにとてもピコピコ叩けそうもない。

ママ： あのねえ、近頃は手帳鉛筆みたいな細い棒が付いているから、それで文字を突っつくこともできるのよ。

マーチャン： じゃ、こうしたらどうでしょう。
まずは、パソコンだけを買って使い方を覚えましょう。
そして、ある程度慣れた頃にスマホとタブレットの特別講習会をやりましょう。
スマホやタブレットを買うかどうかは、その時点で決めれば？

熟年さん： それから、当分、これを持って「夕陽の丘パソコンクラブ」に通わなくてはならないわけです。
家が近い方、マイカーで来られる方はいいのですが、遠い方は大きめの機械を買うと持ち運びが大変ですよ。
でも、使い勝手からいえば、シニアには大きいほうが使いやすいです。

モトメカさん： 今じゃパソコンまで指で触ったりしているヤカラがいるが、普通にマウスやキーボードで使うわけにはいかんのか。

シャチョー： それが、いろいろなのね。
小さいヤツも、大きいヤツも、両方使えるものが増えてきているの。
それから「指で触る方式」が使えないものは、機械がそういう作りになっていないからなのね。

1．いざ、出陣の巻 21

いどっこねえちゃん：　指で触るとか、指で動かすってどういうこと？

夢子バーチャン：　ほら、銀行のＡＴＭでさ、機械の画面に「はい」「いいえ」なんて出ていて、どっちかを触るっていうのがあるでしょう。あれよ。

熟年さん：　その通りです。ＡＴＭみたいにただ叩くだけではなく、指でなぞったり、つまんだりとか、いろいろな技があります。

ママ：　私のパソコンは、指で叩くのと、マウスやキーボードを使うのと両方できるのね。
大体はまあマウスやキーボードを使うけれど、たまには指も使うわ。

熟年さん：　ほかの条件に変わりがなければ「指で画面を触っても使えるやつ」は高めです。

マーチャン：　結局、タックスさんが、小型の「指で触っても動かせる」パソコン（タックスさんのお宅は、奥様が大きいのをお持ちだから）、ほかの３人はやや大きい、マウスとキーボードだけで使えるのを買ったのね。勉強の仕方はたいして変わらないから、一緒に勉強しましょうね。

■1-4 "パソコン道有段者"とは、ちゃんと買い物ができる人

モトメカさん：　ああ、まず買い物が最初の難関なのだ。

マーチャン： その通り。というより、買い物がちゃんとできる人は花のパソコン道の黒帯級なのです。

それと、まだまだパソコン・スマホ・タブレットのほかにも、いろいろな道具が登場しているのね。

この世界は、ものすごい勢いで進歩と変化を遂げつつあるの。

ママ： テレビは地デジになったときに、すごくコンピューターっぽくなったでしょう。

掃除機だってロボット型のものは、楽屋裏でコンピューターがしっかり働いているみたいだしね。

熟年さん： いまや、腕時計型や眼鏡型のコンピューターとかが売り出されています。

まだ、普通の人は持っていないみたいですけれど。

タックスさん： いや、恐ろしい時代になりましたなぁ。

ママ： スマホでは画面に出ている写真を大きくして見たいときは、指

でひっぱればいいのよ。
それと、ちゃんと美肌に写してくれるカメラが付いているスマホもあるらしいわ。

いどっこねえちゃん： わあ、顔のしわも伸ばせるんだ。

シャチョー： 無理にしわを伸ばすと、端のほうに「たるみ」ができたりして。

つる子さん： それはないですよ。

マーチャン： いずれにせよ、何から何まで、みんなコンピューターが仕組まれてしまうらしいわ。
これからは、情報機器学習も大きく変わると思うの。

夢子バーチャン： お店の方がね、こちらだと、少し高いけれどテレビも見られるっておっしゃっているの。
すてき。これにしようかしら。

つる子さん： あの、先日「居間に大きなテレビが鎮座ましましております」っておっしゃいましたわね。
パソコンも居間でお使いになりますのでしょう。

夢子バーチャン： 確かにそうよね。
折角大画面テレビを買ったんですもの。
何もテレビをパソコンで見なくてもいいわね。
大型のテレビで見るほうが迫力があるわ。

タックスさん： 店員さんが「ナントカ」というインターネットのできる道具とセットで買えば、３万円も安くなると言っていますが。

熟年さん： お宅は、奥様がインターネットを使っておられるでしょう。その道具を一緒に使わせてもらえば、新しくインターネットの設備を用意する必要はないと思いますよ。

タックスさん： なるほど仰せの通り、たかが買い物と思っても、買い物も結構奥が深いですな。

■1-5 頼らず甘えず〜パソコンを箱から出す〜

マーチャン： では、今日の「お仕事」をします。
今日のお当番さんは、つる子さんですね。
あっ。その前に、席を決めましょう。
夢子さんは、右耳が聞こえにくいのですね。
じゃ先生の席のとなりの、ここへ座ってね。
ほかに、何か問題のある方は？

タックスさん： 私、トイレが近いので部屋の外に出やすい場所がいいんですが。

マーチャン： じゃここね。

つる子さん： はい。じゃ、はじめます。
まず皆さんのパソコンの入っている「段ボール箱」を開けてください。
パソコン本体は壊れるといけないので、机の一番奥に置いてください。
そして、残りのものを全部出してください。

1．いざ、出陣の巻 | 25

ではまず「スタートガイド」とか「準備をしましょう」のような名前の冊子がありましたら、それを出してください。

マーチャン： みなさん、お一人お一人には、サポートをしてくださる先輩がおられますが、この方々は「いざ」というときのための存在です。自分の手とアタマを使って進めてくださいね。

つる子さん： みなさん。見つかりましたか。

いどっこねえちゃん： はーい。ありました。

モトメカさん： おい。探してくれ。

ママ： ほら、マーチャンセンセイが「自分の手とアタマを使って」と言っているじゃない。さ、がんばって。

モトメカさん： これかぁ。

ママ： えらいっ。意外と早く見つかったじゃない。

つる子さん： では「付属品一覧」みたいなページを探してください。見つかりましたか。

タックスさん： あ。老眼鏡忘れてきたようだ。

つる子さん： 首からぶら下がっているようですよ。

タックスさん： ああ、すみません。

つる子さん： じゃ、箱から取り出したものを、この付属品一覧とつき合わせしてみましょう。
ひとつひとつ、ゆっくりですよ。

夢子バーチャン： あらまあ。パソコンってずいぶんたくさん「お伴」がいますのね。

モトメカさん： あー、めんどうくさい。
現役の頃は、みな、周りの者がやってくれたのに。

ママ： よかったじゃん、早く現役やめて。
そんなこと、ずっとやっていたら「認知症街道一直線」よ。

モトメカさん： ハハハ。あんたも言いたいことを言うね。
現役のときは、そういうことを「スパッ」と言うヤツはいなかった。

シャチョー： 重役さんに、そんな無遠慮なものの言い方していたら「リ

ストラ街道一直線」だもの。

つる子さん：　はーい。つき合わせは済みましたね。
全部ありましたね。
このなかで、一番大事な「保証書」は、お宅の一番わかりやすい場所に
しまっておいてください。
では、休憩にします。

ママ：　お当番を交代しました。よろしくね。
じゃ、今度は、みなさんのパソコンの「セットアップ」をやります。

夢子バーチャン：　あの「パソコンのセットアップ」って何ですの？

ママ：　うーむ。
「パソコンが、すぐ使えるように準備をすること」と、もうひとつは、こ
れをやるとお店で買ってきただけのパソコンが「自分のパソコン」にな
る、その仕事でもあるのね。

マーチャン：　いい説明ね。

ママ：　照れるな。
ま、じゃ、早速「ＡＣアダプターを電源コードとパソコンに接続する」と
いうところをやってください。
あ、その前に「準備の前にお読みください」みたいな箇所もよく読んで
おいてね。
「説明書」をよく読んで、「使う道具」を探してね。
よく見て、何をすればいいかがわかったらやってね。

28　1．いざ、出陣の巻

タックスさん： 「ＡＣアダプター」って、確かどこかで見たんだよね。そうだ。「付属品のチェック」のときだ。

ママ： えらい。よく覚えていました。
パソコンの「取り巻きさん」とも親しくなってもらおうと思って、「付属品のつき合わせ」をやってもらったのね。

いどっこねえちゃん： えーと。コードの先に「２本棒」が付いている。
パソコンには「２本棒」を差し込む場所はないな。
わかった。この「黒い箱」に「２つ穴」がある。ここだな。
すると、もう片方の「１本棒」をパソコンに差し込むんだな。
アッ、あった。ここだ。
バッチリ刺さるよ、刺さります。嬉しいね。

モトメカさん： 先輩諸氏も、少しは手伝ってくれたってよさそうなもんだ。

シャチョー： 手伝わないのが、この道場の流儀なの。
おれも、この道場に来たばかりのときにマーチャンセンセイのことを、「何て薄情なオンナだ」と思ったよ。
でもさあ「よく読んで」「よく見て」「自分でやり遂げる」という癖をつけてくれたことに、今じゃ感謝しているよ。
この前、「地デジ」のテレビに買い替えたでしょ。
それでリモコンも変わったし、録画の仕方も変わったの。
でも、ここでの訓練のおかげで、自分で何とかできたのね。
老人クラブの仲間のなかには、「新しいリモコンの使い方がわからない」なんて言っている連中が大勢いたの。
でも「説明書をよく読んで」「リモコンをよく見て」「やり方を考えてみ

1．いざ、出陣の巻 29

たのか」って言ってやりたかったよ。

夢子バーチャン： 電源につなぐといえば、掃除機も、冷蔵庫も、電気につなぎますね。
確かに、パソコンも電気器具ですから、電気が必要ですわね。
ところでお聞きしたいのですけど、若い者は、公園のベンチなんかでノートパソコンを広げておりますよね。
近くに電気のコンセントがないのに、どうして使えますの？

熟年さん： ああ、こういう質問をする人は偉いです。
ノートパソコンにはバッテリー（電池）が入っているんです。
時計やデジカメと同じですよ。
でも、パソコンでなくても、バッテリーは長く使っているといつかは切れるでしょう。
パソコンは電気を食うから持ちが悪い。せいぜい、数時間しか持たないんです。

だから、家で使うときは、こうやってコンセントにつないでおくほうが
いいんですよ。

マーチャン：　夢子バーチャンはエライわ。
「疑問を持つこと」って大事よね。まだ、若い証拠よ。
トシを取ると「そんなことは当たり前だ」って思ってしまい、疑問を持
たなくなっちゃう人が多いの。
そうそう電池のことだけれど、熟年さんの言う通りよ。
それと、電気をたくさん使う仕事、ややこしい仕事をするときも、なる
べくコンセントをつないでおいたほうが間違いありません。
そして、こうしてつないでいると自然に電池の充電もできるのよ。

ママ：　はーい。みなさん、電気のコードをコンセントに差し込みまし
たね。では、パソコンの「ぐるり」を、見回してください。
そして電源ボタン（スイッチ）を探して、ボタンを押してください。
パソコンに何か変化が起きましたか。

モトメカさん：　おっ。小さい明かりが２つ点いたぞ。
これは、何のシルシだろう。説明書で調べてみよう。
あ、わかったぞ。
ひとつは「電気のコンセントへ差し込んでいます」というシルシだな。
もうひとつは、「バッテリーへ充電している」っていうシルシじゃない
かな。
おおっ。はじめて自力で何かがやれると嬉しいものだ。

ママ：　オメデトサン。今のモトメカさんの声、少年のように若やいで
いたわ。
そしてさ、その感激が「脳の活性化」の元なのよ。

1．いざ、出陣の巻　31

タックスさん、夢子バーチャン、いどっこねえちゃん、その他全員：
バンザーイ。よかったね。モトメカさん。

■1-6 頼らず甘えず～開店準備にゃ手間がかかる～

モトメカさん： でたぁ。ああ、これは懐かしい肘痛電気のロゴだ。

タックスさん： あっ。私のも、会社のマークらしきものが出てきました。
うへっ。また消えて真っ暗になったようですな。
おいおい、パソコン、アンタ、どうしたんだ。しっかりせい。
（いつも家内に言われているので、一度言ってみたかったのです）
ああ、また何か出てきましたな。これはどういうことでしょう。

ママ： そんなに一喜一憂しなくてもいいのよ。
完全に使えるようになるまでには、いろいろな画面が出没するの。
ひと通り落ち着くまでには、1、2分かかるから。
とくに、今日は初日なので、もっと手間がかかると思うわ。

シャチョー： ハハハ。そういえば「ケータイ」だって「テレビ」だって、点けてから使えるようになるまでは手間はかかる。
でもパソコンよりは早い。

モトメカさん： 洗濯機ならば、即刻動く。

熟年さん： うーむ。「パソコンを立ち上げる（起動させる）」というのは、洗濯機や掃除機のスイッチを点けるのとはわけが違います。
いろいろ工夫すると少しは早くなるのですが、テレビを点けるようなわけにはいきません。

お店の開店準備と同じで、開店前にやらなくてはいけないことがいろいろあるのです。

・まず、パソコンは電源ボタンを押されると、いろいろ機械の詰まった箱のなかを自分で点検します。「ＣＰＵ（パソコンの心臓部）よーし」「メモリーよーし」、なんてね。

・それが終わると、ウィンドウズ君にバトンタッチします。

ウィンドウズ君は、
・パソコンの周りで働いてくれる小道具（周辺機器といいます）がちゃんと動けるか、基本ソフト以外のソフトがちゃんと使えるかなどを全部、確認します。

・また、パソコンの画面（デスクトップといいます）にいつもの絵印（「デスクトップアイコン」「ボタン」など）が全部、並んでいるかも確認します。
　（お店の開店前にも「のれん」や「お品書き」などを「おもて」に出しますね。あれと同じです）

・さて、その次は「ウイルス対策ソフトさん」のお出ましです。
　パソコンの周りには「ウイルスなど」悪いやつらが「隙あらば、悪さをしよう」と手ぐすね引いて待っていますから「こっそり入り込んでいるものはないか」などを、確認してくれます。

そんなこんなで、開店前の仕事が大変で、とてもテレビのスイッチを押したときみたいなわけにはいかないのですね。

■1-7　頼らず甘えず～書いてあることをよく読む～

シャチョー：　こんどは、オレの番なのね。
じゃあ、続きをやってパソコンが使えるようにしましょう。

タックスさん：　ふっ。ふぁ。まだあるんですか。
こりゃ、覚えきれないな。

マーチャン：　こういうことは、今日だけやればいいんです。
これから先は滅多にやる必要のない仕事です。
また今度やる必要がおきたときは、たぶん、もう皆さん初心者じゃない
から大丈夫よ。
ここから先の「ポイント」は、「書いてあることをよく読んで理解して、
その通りにする練習」でもあります。
そしてこういう訓練ができているということは、これからのパソコン・
ライフに、すごくプラスになると思います。
たとえば、「国または地域」欄を見て「日本」となっていたら「問題はな
い」ので、「次へ」というボタンを押します。
こういう風に、ひとつの画面で何かを選んだり、打ち込んだりしたら、
今度は「次へ」などのボタンを押して「次の段階」へ進むのは、「銀行の
ＡＴＭ」や「駅の指定席の予約」など、みんな同じですね。
ただ、「指で触れる」のではなくて、「マウスという道具で突っつく」と
ころだけが違うのです。
そうそう、ここで、助手の先生からマウスの使い方を教わってください。

夢子バーチャン：　あらっ。
マウスで突っついたのに、反応がありませんわ。

シャチョー： そんな、おっかなびっくり、そっと触っていちゃダメだよ。
このネズミは噛み付いたりしないから大丈夫だよ。
「カチッ」と弾むように押してみて。ほらこうやってね。

夢子バーチャン： いやっ。いやですわ。
わたくしの手に触らないで。
言葉で教えてくださいませな。

シャチョー： ガキのころから「言葉」より先に手が出るたちなの。

夢子バーチャン： ああっ。今度はいいみたい。
でも、こんなところで、もたもたしていては、先が思いやられます。

シャチョー： 大丈夫。大丈夫。毎日使っていれば、すぐ慣れるよ。

マーチャン： マウスの使い方の勉強なんてムダ。
ゲームで遊んでいれば、嫌でも熟達します。

そうね。「Mahjong Titans」あたりがいいでしょう。

サポーターの先輩さん、すみません。

お帰りまでに「デスクトップ」に「Mahjong」のショートカットを作って差し上げてくださいね。

■1-8　頼らず甘えず〜パスワードと上手く付き合う〜

シャチョー：　あともう少し。頑張ってチョーヨ。

モトメカさん：　次の「ライセンス条項に同意する」ってヤツだけど、全部読んで気に入らないことがあって「同意」しなかったら、どうなるんだい？

つる子さん：　早く言えば、このパソコンが使えない——ということですわ。

モトメカさん：　ってことは、「同意できない」って言って返品すれば、十万何がしのカネを返すのかな。

つる子さん：　存じません。

そういうことはパソコン教室でなくて「パソコン法律相談室」へでもお聞きになったほうがよろしいですわ。

むしろ私が、元コンピューター会社の重役さんでいらっしゃったモトメカさんへお聞きしたいくらいですわ。

モトメカさん：　ハハハ。つる子先生も結構おっしゃいますなぁ。

違いない。そんなことより、頑張って、皆様に遅れないようにしなくては。

36 ｜ 1. いざ、出陣の巻

つる子さん： そうですよ。

でも、モトメカさんは、さすがマウスの使い方は慣れていらっしゃってお上手ですわ。

それに、キーボードの使い方もご存知ですし。

タックスさん： えっ。次は、名前ですか。

うーむ。これは宅巣税太と漢字で打たなくてはなりませんか。面倒ですな。

ママ： 英字でもいいのよ。Tax Zeitaと打ち込めば。

これなら簡単でしょう。

頭文字だけ大文字にすれば格好がつくわよ。

タックスさん： なるほど。これは格好いいですね。

ママのおかげでどんどん進みます。

いどっこねえちゃん： 「パスワード」って、誰かに「盗み見」されないためのものかしら。

タックスさん： うちは、人の出入りのある家ですから、忘れずに入れておきましょう。

ママ：　パソコンやりだすと、いくつもパスワードができちゃうのよ。
だから決めたものは、手帳とかよくわかるところに「パソコンのパスワードはこれこれ」とちゃんと書いておいたほうがいいわよ。
友達なんか、ノートに、やたらにいくつもパスワードを控えておいたら「何のパスワードかわからなくなった」そうよ。

つる子さん：　私の友達は、パスワードを書き留めておいた手帳が見つからなくなったんですって。

タックスさん：　老人クラブの仲間で、パスワードを書いた紙きれをキーボードの手前に貼り付けているやつがいます。
これじゃ意味ありませんなぁ。

■1-9　頼らず甘えず～怖がるなパソコンを～

つる子さん：　今度は私が説明役です。
あれ、どうなさったの。早く「次へ」を押してください。

いどっこねえちゃん：　なんだか、怖くて。
もし間違ったらどうしようかと思って。

つる子さん：　あらっ。気風のいい、いどっこねえちゃんらしくもないですね。
大丈夫です。いまやったことは、どれもあとで直せます。
それと、いつもマーチャンセンセイがおっしゃっているように、「パソコンのトラブル」はクルマの事故とは違います。
「パソコンのトラブル」で死んだ人はいないのです。
じゃ、あとは「推奨設定を使用します」をマウスでクリックして、「時刻

と日付」を確認したら「開始」ボタンを押すだけです。

しばらく待つと「ウィンドウズ」が立ち上がります。
はーい。お疲れ様でした。

モトメカさん： ふっ。こんなに大変なものだったんだ。

ママ： パソコンには「戻るボタン」もあるし「リセット」もできるのよ。
人生には、こんなボタンはないでしょ。パソコンなんて気楽なものよ。

つる子さん： はい。今日はこれで終わりです。

夢子バーチャン： ううっ。またはじめからやるんでございますの。
私、とても自信がないのでこのまま「消さないで」、家まで持って帰ろう
と思っておりましたのに。

熟年さん： 大変なのは、最初のときだけです。
これからは、電源ボタンを押したら（パスワードを打ち込む以外は）１、
２分待てばいいだけです。
それと、持ち運ぶときは「シャットダウン」にしておかないと故障の原
因になります。

タックスさん： ああ、買ってきたばかりのときと違って、今はコイツ
が「手塩にかけた可愛い子」になりました。

マーチャン： これからもずーっと、可愛がってあげてね。

1．いざ、出陣の巻 **39**

2．楽しみながら慣れていこうね

■2-1　ゲームでマウスに慣れようね

シャチョー：　今日は2日目ですから「マウスの使い方」をもっと詳しくやるのね。使い方は簡単。

・まずは「カチッ」と簡単な「標準技」。
　人差し指で「カチ」と軽く叩くだけです（**クリック**）。
　背中をトンと叩いて『お客さん、終点ですよ』って知らせるアレと同じね。

・お次は「カチッカチッ」と2度続けて叩く「カチカチ技」（**ダブルク**

リック)。

ああこれ、どうしてもうまくいかない人は言って。別のやり方を教えるからね。

・3つ目は「ギューッ・ポン技」（**ドラッグ・アンド・ドロップ**）

人差し指で「ギューッ」と押し付けて引っぱって目的の場所へ来たら「指をポンと離す」。

道路で遊んでいる坊やの手を引っぱって、歩道に乗せたら手を離す。それと同じね。

さしあたってはこれだけ覚えればいいの。

以上、説明は終わりっ。

あとは「ゲーム」で遊んでね。

「標準技」は、「マージャンゲーム」で遊びながら覚えるといいのね。
同じ柄の札が見つかったら、その2枚を「カチッ」「カチッ」とやるだけ。
このゲームね、マージャンの好きな人も嫌いな人も、はまるんだよ。

夢子バーチャン：　でも遊び方がわかりませんわ。

シャチョー：　次男のところの孫は4つだけど、「どうして遊びますの」なんて聞かないよ。テキトーにいじくり回している。
ひとつだけ、ヒント出すから。
やり方がわからなかったら、キーボードから「h」という字をクリックしてみて。

夢子バーチャン：　ああ、2箇所で「ピカピカッ」としましたわ。

シャチョー：　その、いま光ったふたつをクリックしてみて。
終わったら、もう一度「h」っていう字をクリックする。
今度はどれとどれが光ったかな。
そうやって次々とやっているうちに、なんとなくわかってしまうから。

夢子バーチャン：　ああ、そう言われてみれば、私にもわかりかけてきましたわ。
今度は、きっとこれとこれね。
ああっ。当たりでした。

タックスさん：　ああ、私も何とか手順がわかりました。
あれっ。このゲーム、あがっちゃいました。大成功です。
どうも私は博才があるらしい。
税務署に勤めないで、ばくち打ちになっていたほうが成功していたかもしれません。
画面にお祝いの花火があがっている。
さっそく家でおさらいします。

マーチャン：　おさらいはいいけど、続けて1時間以上はダメよ。

■2-2　文字打ち練習はラブレターで

熟年さん：　今日から日本語が打てるようになりましょう。

みなさん、ローマ字は知っていますね。

たとえば、夢子バーチャンは「ＹＵＭＥＫＯ」ですね。

だいたいは、教わらなくてもわかるはずです。

ちょっと面倒な字があるかもしれませんが、そういうときはこの表を見てください。

ローマ字が苦手ならば「ひらがな」をそのまま打ってもいいですよ。

では、はじめてください。

夢子バーチャン：　あら、それで説明は終わりですの。

どの指で、どの字を打ってもいいのでしょうか。

駅前パソコンスクールではタッチタイピング（キーボードをみなくても早打ちマックみたいに文字入力ができるようにする訓練）の時間が１０時間以上もあるそうですよ。

マーチャン：　もし、みなさんが一日も早く「時給千円」でどこかの企業へ派遣されたかったら、タッチタイピングの資格をおとりになることをおすすめします。

でも、我々には、もっとやることがたくさんありますが、時間が限られています。

練習はしません。即、実践または実戦です。なんでもいいから打ってください。

タックスさん：　えーと、何を打ったらいいでしょうか。

2. 楽しみながら慣れていこうね　43

自分でものを考えるクセがついていないものですから「好きなように打ちなさい」と言われても困ります。

熟年さん： 奥様へお手紙を書かれたらいかがでしょう。

タックスさん： 家内ですか。どうせ、今夜も顔をみなくちゃならんのです。ああそうだ。
実は、松本市の郊外で母が一人暮らしをしています。しばらく会っていません。母に手紙を書いてみます。
ただ、母は横書きの手紙には慣れていないからなぁ。

熟年さん： おかあさまへ手紙を書く、いいですね。
縦書きのほうがいいのであれば、あとで、縦書きにして、読みやすいように字を大きくして紫陽花のイラストなんか入れてあげますよ。

夢子バーチャン： わあ、タックスさんて素敵っ。
いいことを思いついてくださったわ。
女学校時代の恩師が、神戸で一人暮らしです。お手紙差し上げたら喜ばれますわ。

モトメカさん： 姉がリハビリ病院にいます。そっちへ手紙書きます。

マーチャン： 素晴らしい。モトメカさん、やさしいんだ。

熟年さん： いどっこねえちゃんは？

いどっこねえちゃん： うーむ「モトカレ」へ。
この春奥さん亡くしてさびしがっているから。

シャチョー： うへっ。お安くないね。

モトメカさん： まあ、こんなところかな。

ママ： ちょっと拝見してもいい？
なになに？　えーと、
「ネエサン、僕は七十の手習いでパソコン道に励んでいます。ネエサンもリハビリ頑張ってね。別便で好物の『葛きり』を送ったよ。缶ごと冷蔵庫で冷やしてね。同じ、病室の皆様にも分けてあげて」

シャチョー： どうしたの。ママが泣いているのなんてはじめて見たよ。

ママ： だって、モトメカさん優しいんだもの。

つる子さん： いつも無理して「可愛くない」風を装っていらっしゃるのね。

モトメカさん： 母が、外地から引き揚げてくる途中で亡くなって、姉が「親代わり」なんです。

でも、女の子じゃあるまいしさ、手紙だけじゃつまらないな。
何かもう少し長いものも打ってみたいな。

■2-3　文字打ち練習〜「昔の記録」を書いてみる〜

マーチャン：　こういうの、どうかしら。
私の所属しているメロウ倶楽部というインターネット上のグループが、
「メロウ伝承館」というのをやっていて、「戦前・戦中・戦後」の記録を
後世の人たちに残す仕事をしているの。
今の七十代後半の人が、戦争中のことを知っている最後の世代なのね。
そして、我々もトシをとるでしょう。早く書き残さないと間に合わない。
ねぇ、子どものときの記憶を書いてくださらない？

モトメカさん：　しかし、なにぶん、文才がない。

マーチャン：　ありのままを、こつこつ書いてくだされればいいの。
むしろ脚色しない生のままの記録が必要なのね。短くていいのよ。
たとえば、「我が家が戦災にあった日」「私の八月十五日」など、何でも
いいの。

モトメカさん：　よしっ。やってみよう。
引揚げのことを思い出すのは辛いけど、全部書くと吹っ切れるような気
がする。

いどっこねえちゃん：　書くわ、私も。我が家は花街にあったのね。
私さぁ、戦前の花街の姿を知っている数少ない一人だもの。

夢子バーチャン：　私は父の仕事の関係で東南アジアの旧植民地で育ち

ました。

当時の貴重な経験を書きますわ。

タックスさん： 私など「うさぎおいし かのやま」そのままの子ども時代でした。

その頃のことでも書きますか。

マーチャン： じゃあみなさん、当面「文字打ち練習」の材料には事欠かないですね。

「自分の書きたいものをパソコンに打ち込む」。

これが「文字打ち練習」長続きのコツです。

■2-4 冷凍庫より便利「名前を付けて保存」

熟年さん： 今日はもう時間ですから、ここで止めてください。

モトメカさん： ああ折角ここまでやったのに。消すのはもったいないな。

熟年さん： それは心配ないです。

書いたものを「保存」しておけば、あとで「続き」がやれます。

夢子バーチャン： 私など、お料理を保存するのはいいのですけれど、冷凍庫に入れたまま忘れていることがあるのよ。

「あれっ。これカレーかしら、シチューかしら。何時のものかしら」なんて考えてしまいますの。

お料理の名前や、冷凍庫に入れた日をきちんと書いて貼っておけばいいのですが。

熟年さん： コンピューターは、賢いですから、ちゃんと保存しておけば「名前・保存した場所・保存した日」などがきっちりわかります。

夢子バーチャン： わあ、さすが。

（次の教室で）

ママ： じゃさ、この前しまっておいたものを出してきて続きをやってね。

タックスさん： ところでセンセイ、私の「書きかけ」はどこへ行ったのでしょう？

ママ： 昔さあ、「母さん、僕のあの帽子どうしたでせうねえ」というのが流行りましたよね。
麦藁帽子の行方は知らないけれど、タックスさんの書きかけのお手紙は、たぶん「OneDrive」という場所にあると思うわ。
スタートボタンをクリックして出てきたなかに、「入道雲」みたいなものが入っている青い四角い板（タイル）があるので、それをクリックすると出てくるわ。
デスクトップ画面であれば、画面の下に並んでいる、小さいボタン（エクスプローラー）からも探せます。
エクスプローラーの左側のメニューのなかにも、小さくて青色の入道雲があるのよ。
ここをクリックすると、くだんのお手紙は「OneDrive」という場所に「名前」「更新日時」と一緒に収まっていることがわかるのね。

熟年さん： さて、この「入道雲」の正体ですが、インターネット上にある貸倉庫みたいな場所のことをいいます。

とはいえ、何らかの事情でインターネットにつながっていないときは――
今はまだ皆さんのパソコンはインターネットにつながっていませんが――
そういうときは、とりあえず、みなさんのパソコンのなかにしまってお
き、インターネットが開通したときに雲の上に持っていくわけです。

モトメカさん：　「文章」はOneDriveに入れなくちゃいけないのかね。

ママ：　そんなことはないのよ。自由です。
ただ今回は「OneDrive」に入れてくれた、というだけのことよ。
そうそう「OneDrive」のなかに小部屋をいろいろ作って、そのなかに入
れておくこともできるのよ。

マーチャン：　この「保存する」っていう仕事なのだけど、パソコンだ
けでなく、いわゆる「コンピューターっぽい道具」（「情報通信機器」な
どといいます）のケータイ、今人気のあるスマートフォンという新式の
ケータイ、テレビ、デジカメ、カーナビ、ゲーム機の一部などは、パソ
コンと同じように「記録」したり「保存」したりする仕事ができるのよ。

いどっこねえちゃん：　ということは、こういうものが、みんなコンピュー
ターになったということなのね。
道理で、地デジのリモコンなんかも面倒になったわけだ。
そのうち「パソコン教室」だけじゃなくて「テレビ教室」「カーナビ教室」
なんていうものもできるよね。

マーチャン：　確かに。それは言えるわ。
それと、もうひとつ大事なことは「決まった約束事通りに保存したもの」
は、そのパソコンでいつでも見られるのは当たり前だけど、別のパソコ
ンでも見られるのね。

2．楽しみながら慣れていこうね　49

それだけじゃない。

いま、いどっこねえちゃんが書いたお手紙を、モトカレさんのケータイへ送れば、モトカレさんにケータイで読んでもらうこともできるのよ。写真なんかもそうよ。

ケータイで撮った子犬のプッペの写真を息子さんのパソコンで見ることもできるし、テレビでも見られます。

タックスさん： テレビとパソコンでやりとりする――なんていうのは想像もつきませんでした。

マーチャン： テレビで録画したものを、パソコンで編集したり、パソコンで作った動画をテレビで見たりするわよね。

■2-5 タッチパネルを体験してみる

マーチャン： 今日は少し時間があるから、タックスさんのパソコンを使わせていただいて「タッチパネル」を体験してみましょう。

モトメカさん： ああ、こうやって指で叩くのだな。
それにしても、こんな小さなボタンを、私の太い指で叩くのは無理だ。

ママ： 違うってば。
その「四角が4つ並んでいるボタン（ウィンドウズボタン）」をクリックして「タイルの間」へ行かなくては。
ほーら、この大きな四角のタイルならば、モトメカさんの太い指でも叩けそうよ。
Windows 8.1のパソコンには、部屋が2つあると考えてね。

・四角の並んでいる部屋は「タッチパネルの間」
・絵印（アイコン）が並んでいる部屋は「マウスとキーボードの間」

タッチパネルを体験するのは、「タッチパネルの間」でやってね。

モトメカさん： しかしこれでメールを書くのは大変そうだな。

夢子バーチャン： そうですわ。だから女子高校生のスマホのメールなど、主に「カタコト」でしょ。
お友達、スマホを買った嬉しさに近くに住む妹さんに、
「今日は、これこれの事情で母上のいる老人ホームへ行けなくなったので、頼まれていたプリンを届けてほしい」
というメールを長々と書いたのね。
不慣れだから書き終えるのに1時間もかかった。メールが届いたときには、妹さんはすでに出かけたあとだった。
「どうして電話をかけなかったのよ」と叱られたそうです。

熟年さん： スマホの文字入力はシニアには使いにくい面があると思います。

でも「予測変換」が得意ですから、慣れればどんどん早くできるようになりますよ。

（「予測変換」とは、文字を打っている途中で機械が先回りして「あなたが言いたいことは、これでしょう」と教えてくれること。「すき」と打つと、「好き勝手」「スキャンダル」「過ぎない」など、うがちすぎた予測もしてくれて思わず「ニヤリ」とさせられることも。）

■2-6 「お絵かき」で納得、コンピューターの賢さ

マーチャン： （待っていてね。電話だわ）

あら、モトメカさんの奥様でいらっしゃいますか。

ご主人、１０分くらい遅刻される、わざわざご丁寧にありがとうございました。

いいえ。毒舌家で嫌われているんじゃないか、なんて──。

私たち、あの毒舌が聞こえない日はさびしくて。私たちも「毒舌のキャッチボール」を楽しんでいますの。

どうぞ、ご心配なさらないでくださいませ。

ああ、ご主人、いらっしゃったようですわ。

つる子さん： では、今日は「お絵かき」をいたしましょう。

モトメカさん： 「お絵かき」ですか。我々はオトナなんですから、もう少しマトモなものを教えてくださいよ。

「ゲーム」とか「うさぎさんのお絵かき」じゃ、幼稚園みたいで、さまになりませんよ。

つる子さん： 　いいんです。

モトメカさんは「ナントカ博士」と伺っていますが、パソコン教室では、まだ「幼稚園の年少さん」です。

冗談は別としまして、パソコンでお絵かきをしますと、「コンピューターを使うということは、どういうことか」が、楽しみながらわかってきます。

その前に、まず、画用紙とクレヨンを配りますから、とりあえずパソコンはしまってください。

この画用紙に、この絵のような「うさぎさん」か「たぬきさん」のイラストを描いてみてください。

いどっこねえちゃん： 　わあ、可愛い。こんなイラストが描けたらいいな。でもさ、小学生のときから久しく絵なんか描いたことがないもん。描けるかな？

タックスさん： 　ありゃ。簡単そうで、なかなか難しいですね。

つる子さん： 　はい。ご苦労様でした。

では、画用紙とクレヨンを片付けて、パソコンを机にのせてください。

じゃ、今日は「ワード」というソフトを使いますから、画面の絵印のなかから、Wの字のついた「Word」という絵印を見つけてクリックしてください。

では、まず、私がコンピューターさんに頼んで「うさぎさん」の絵を描

いてもらいます。

３分で描きあげてご覧に入れますね。

このイラスト、ほとんど図形の「楕円形」を使っていますのね。

耳も、顔も、目、頬、足も、ぜーんぶ楕円形です。それぞれ、色と大きさは違いますけれど。

ただし、口は「半月型」、お洋服は「台形」を使いました。

はい。でき上がりです。簡単でしょう。

モトメカさん： つる子先生、あんた天才だね。

つる子さん： いえいえ。これは初歩の初歩です。こちらをご覧ください。

「パソコンでお絵かき」の達人がお描きになったものです。いかがですか。

夢子バーチャン： ああ、夢のようですわ。

私も、こんなのが描けるようになるとうれしいですわ。

マーチャン： いかがでしたか。

「お絵かき」には「コンピューターならではのやり方」が凝縮されているように思います。

いまの、つる子さんの「お絵かき」のなかにも、

・「基本図形」の利用

・図形の縮小・拡大、移動、回転、コピー・貼り付け

・表示の順序、図形のグループ化

などが含まれています。

でも、これは、「お絵かきの機能」のほんの一部分です。

そしてこの機能の理解は、文章作成、表計算、その他もろもろのコンピューター操作の場面で役立ちます。

つる子先生も天才ですが、コンピューターは大天才です。この大天才と仲良しになりましょう。

じゃあ、このテキストを参考にして、ご自分でうさぎさんか、タヌキさんのイラストを描いてみてください。

タックスさん： ああ、私は不器用なんですね。

マルさえ、まともに描けない。情けないです。

ママ： ちょっと、待っていて。ああ、わかりました。

あのね、タックスさん、パソコンでマルを描くということは、マウスをぐるっと回しながらご自分でマルを描くことじゃないの。

要するに、マルの「大きさ」と「描く場所」を、パソコンに教えてあげればいいだけなのね。

すなわち、その範囲を対角線を引くみたいに斜めに動かしてパソコンに教えてあげるの。

ああ、大きさや位置はあとでも直せるから大丈夫よ。

夢子バーチャン： わあ「目からウロコ」ですわ。

タックスさん： センセイ。できましたぁ。

ああ、久しぶりに味わう達成感です。

マーチャン： よかったわ。パソコンをやっていると毎日が「未知との遭遇」でしょう。

昨日までできなかったことができるようになるって本当に素晴らしいこ

2．楽しみながら慣れていこうね　55

となのね。

我々年寄りは「主人を亡くす」「歯をなくす」——。

モトメカさん： 「髪の毛をなくす」「仕事をなくす」「居場所をなくす」

マーチャン： そうそう、なくすことばかり。

でも、パソコンと付き合っていると、その都度「新しいもの」が得られます。

これって幸せの素よ。

■2-7　インターネットと仲良く

マーチャン： いよいよ「インターネット使いこなし術」に進みます。

じゃあ、ヒロシ君、お願いね。

ヒロシ君： ヒロシです。よろしくお願いします。

ところで——

タックスさんのところは、奥様がお使いのインターネットの設備をご一緒に使わせてもらう、ということでよろしいのですね。

タックスさん： また、恩にきせられるのはうんざりですが、やむをえんことですなぁ。

ヒロシ君： モトメカさんのところは新しくインターネットの設備をされるわけですね。

あの、立ち入ったことを伺いますが、マンションとかでなしに戸建てのお宅ですね。

モトメカさん： ああ、戸建てだ。築４０年。隙間風がうるさい。あるじはもっと煩い。

ヒロシ君： ところで、テレビは、ケーブルテレビでいらっしゃいますでしょうか。

モトメカさん： いや「ケーブルテレビではいらっしゃらない」。
近くその対策もしなくてはならん。
ところで、君に正しい敬語の使い方を教えよう。
「テレビ」は「人」ではなく「もの」だ。「もの」には敬語を使ってはいけない。
「テレビはケーブルテレビでしょうか」というのが正しい。

ヒロシ君： ありがとうございます。
「シュウカツ」で勝ち抜くには「正しい日本語が話せること」も大切だと、祖母も申しております。

モトメカさん： 君は素直ないい青年だ。気に入ったぞ。

ヒロシ君： マーチャンセンセイ、モトメカさんには「ＣＡＴＶ」なんかをおすすめしたほうがいいですね。

マーチャン： そうね。「ＣＡＴＶ」にすれば、テレビの映りもよくなることもあるけれど。
事前によく調べてあげてね。
でなければ「フレッツ光」でしょうね。

ヒロシ君： 夢子バーチャンのお住まいの４丁目の「ゴールデン・マン

ション」は、たしか、建設時にインターネットの設備がしてあると思う
のですが。

マンションの管理組合の理事さんか管理人さんに確かめておいてくだ
さい。

ヒロシ君：　いどっこねえちゃんのお宅は、どうでしょう？

いどっこねえちゃん：　さ、それがわからないの。

息子夫婦がいろいろな道具を置いていっているのだけれど、どれがどう
なっているのか、さっぱりわからないわ。

ヒロシ君：　大体わかりました。

じゃ、一度、みなさんのお宅にお邪魔させていただいてよろしいでしょ
うか。

（一週間後）

マーチャン：　ヒロシ君、ご苦労さま。

これで、どちらのお宅も、ちゃんとインターネットが使えますね。

ヒロシ君：　はい。接続したあと、実際にいろいろなホームページを見
たりして確認してきました。

モトメカさん：　ヒロシ君は、フレッツ光の工事の日にも来てくれて、
ちゃんと開通するのを見届けてくれたんだ。

ヒロシ君：　それから、タックスさんのお宅は奥様のルーターに接続し
て確認しました。

タックスさん： 家内が「本当は、こういう方とお友達になりたかったのよ」と申しまして。

可哀そうに、ヒロシ君、家内からパソコンについての質問の嵐を吹きつけられて帰るチャンスを逸してしまったようで。

ヒロシ君： いいえ。あの日はバイトがなかったので大丈夫でした。

それより、奥様がみずから夕食の支度をしてご馳走してくださいまして。

タックスさん： そうなんです。

恐るべき家内の手料理を食べさせられるハメになったわけですよ。

ますます気の毒だった。

ヒロシ君： それから、夢子バーチャンのところは、インターネット環境完備のマンションでしたので問題ありません。

夢子バーチャン： そうなんですって。料金は管理費に含まれていたの。今までの私みたいに全然使わなくても、その分のお金をとられていたのね。

でも、個人で加入するよりずいぶんお安いんですって。

入居したとき、あちこちの部屋の壁に妙な穴があいているのを見て、「この穴はいったい何のためにあるのかしら」と思っていたのよ。

知らないってことは恐ろしいことですわ。

ヒロシ君： それから、いどっこねえちゃんのところですが、息子さんが置いていかれた道具は少し古いタイプの「ＡＤＳＬ」と呼ばれるものでしたので、いどっこねえちゃんとご相談して、やはり光回線を設置しました。

将来「ネット上にお店を出したい」というご希望をお持ちと伺っていま

2．楽しみながら慣れていこうね

すので、そのためにも必要と思いまして。

ママ：　みなさん、インターネットが使えるようになってよかったわ。
これから大いに楽しみましょう。
あれっ。夢子バーチャン、どうしたの。ケータイなんか出して。

夢子バーチャン：　実は高品屋デパートのビーズ手芸展にお友達の作品
が展示されますの。
開催日程を聞きもらしたものですから、お店の開く午前１０時にケータ
イで電話しようと思って。

ママ：　ああ、そういうときのためにインターネットがあるのね。
高品屋さんのホームページで調べれば「展覧会」の細かいことまで全部
わかるわ。
ホームページは真夜中でもお休みの日でも見られるのよ。
じゃあ、まず、画面に出ている「青い e」の絵印（アイコン）を開いて
ください。
みなさんも、やってみて。
インターネットの入口はこれですね。
次に、黄色い星印の「お気に入り」を開いてください。
このなかに「Google」（グーグル）というのを入れておいたので、これ
を開いてね。
出てきた画面のなかに「白い箱」（検索窓）がありますね。
この「白い箱」は「魔法の箱」なのよ。
じゃあ、ここに「高品屋」って打ち込んでみてね。

モトメカさん：　ちょっと待った。
たしか、あそこの看板は「TAKASHINAYA」とローマ字で書いてあっ

たぞ。

社名はローマ字にすべきかも知れん。

それから「株式会社」が付くんだろう。

社名のアタマに付くか、尻尾に付くか、それも問題だ。

そうそう展示会やっているのは、二本箸店か、半熟店かそれも入れなくちゃダメだろう。

いどっこねえちゃん：　そんなこと心配しなくても「白い箱」に「高品屋」とだけ打ち込んだら、ちゃんと一番上の段に「TAKASHINAYA」が出ているわ。

これをクリックするのね。

そして、上のほうにあった「催し物のご案内」というのを開いたら「ビーズ手芸展」というのが出てきたわ。

期間は18日（水）〜23日（月）。場所は、8階　催物会場。

これ以外にもいろいろ詳しく出ているわ。

やっぱ、電話で聞くよりも、ずっと細かいところまでわかるのね。

夢子バーチャン：　あら、二本箸店の地図や「行き方」も出ていました。インターネットの有難味がよくわかりました。

ママ：　昔と違って、今は、インターネットは1日やっていても、1分ですませてもかかるお金は同じなのね。

グーグルも何回使ってもタダなのよ。考えている暇に、まずやってみてね。

■2-8　たまには先輩の失敗談も

熟年さん：　今日は「失敗談」を話します。

2．楽しみながら慣れていこうね　61

ある日、来年のアメリカの祝日を調べようと思ったんです。

で、グーグルの例の白い箱に「Calender」と打ち込んだんです。

綴りには自信がなかったけれど、とにかく検索してみた。

そうしたら、いきなり「次の検索結果を表示しています: Calendar」と出てきた。

間違えたところを人に見られたみたいで、ちょっと恥ずかしかったけれど、相手はパソコンだから、まあいいか、っと。

夢子バーチャン： 　先輩もお間違いになることがあるのですね。

なんだか気が楽になりました。

それにしても、パソコンって親切ですね。

つる子さん： 　私、老人ホームでボランティアでパソコンをお教えしていますでしょう。

そのときのお話です。

グーグルなどの検索では「画像」という文字をクリックすると「写真」や「イラスト」などだけを探すことができるのですが、ちょうど秋でしたから「たとえば『かえで』と打ち込んで検索してみてください」と申し上げたのです。

そうしたら、画像一覧のなかほどに、植物の「かえで」ではなしに、いきなり「かえでさん」という若いお方の、なんといったらいいのでしょうか、肌もあらわなあられもない姿の写真が出てきてしまったのです。

私はあわてて消そうとしました。

そうしましたら男性の方が、ええ、もう８０代半ばの——。

「ああ、センセイ、それ消しちゃダメ」とおっしゃって大笑いになりました。

あまり賑やかなので所長さんまでが覗きにこられて。恥ずかしかったですわ。

タックスさん： 　ハハハ。それはいいことをなさったですね。
きっと、入所者の方々も、喜ばれたことでしょう。
パソコンの勉強しながら愉快に笑って若返えれば、それに越したことはありませんよ。

シャチョー： 　おれ、将棋やるだろ。
周りに適当な相手がいないってこぼしたの。
そうしたらマーチャンセンセイが、「インターネットで対戦」すればいいって教えてくれたのね。
さっそく手頃な対戦相手が見つかったの。ちょうど互角の戦いが続いていた。
ああいう「ゲーム」では、対戦の最中に、なにか短いメールみたいな「やりとり」ができるのよ。「もう一丁やる？」「うん」とか。
あるとき「キミも明日から夏休み？」って書いてきたから、「君、いくつ？」と聞いてやったの。
「ボクは７才、君は？」と聞いてきやがった。びっくりしたな。
「オレ、７０才」と書いてやったら「ひぇーっ」と返信してきた。

■2-9　メール～便利にして且つ厄介なもの～

熟年さん：　じゃ、今日から「メール」が使えるようにしましょう。
電子メールは、郵便より早く、電話より確かです。

いどっこねえちゃん：　助かるわ。
「お茶の会」の世話役さんから「先生のご都合で、急にお稽古がお休みに
なったときなど、メールの使える方へのご連絡は簡単なのですが、FAX
や、お電話でご連絡しなくてはならない方がおられて面倒ですわ」と言
われていたの。
これで、やっと肩身の狭い思いをしなくてもすむわ。

熟年さん：　で、今回は「ウェブメール」というのを使います。
このやり方は、最初の手続きが簡単なのと、自分のパソコンが手許にな
くても、メールの読み書きができるのがいいところなのです。
じゃ、プリントを見ながら、登録手続き（アカウントの作成）をやって
みてください。
インターネットにはちゃんとつながっていますね。

モトメカさん：　「希望するユーザー名」の下に「使用できるか確認」と
いうのがあるけれど、「Kambei Kuroda」とか著名人の名前を使っては
いかんのか。

シャチョー：違うのっ。
同じ名前の人が「２人」いてはいけない、それだけのことなの。
「鈴木一郎」とか「佐藤花子」などという日本人に多い名前の人は、も
う使われている可能性があるわけね。
モトメカさん、いどっこさん、という苗字は、そんなに多くないから、そ

64 ｜ 2．楽しみながら慣れていこうね

のまま「Motomeka Ibaru」「Idokko Nesan」で大丈夫だと思うよ。

タックスさん： もし、もう誰かが使っていたら、どうすればいいのかな。

熟年さん： その場合は、少し工夫すればいいのです。
「Hanako.Suzuki」を「Hanak.suzuki」にするとか。
まあ、とりあえず、自分の付けたい名前をここに打ち込んで「使用できるか確認」というボタンを押してみてください。

モトメカさん： ああ。私のは認められたようだ。

タックスさん・いどっこねえちゃん： 私も。

夢子バーチャン： あらっ。「Sutekina.Yumeko」はダメでしたわ。
ああ、ちょっと待ってくださいな。
「Yumeko.Sutekina」ならばよさそうです。

熟年さん： じゃ、全員、名前はオーケーですね。
でも「お茶の会」の世話役さんに、メールアドレスを教えるときは「Idokko Nesan」だけじゃダメですよ。
「Idokko Nesan@gmail.com」と尻尾まで含めて教えてあげなくては。

ママ： はーい。説明役交代です。
じゃ、プリントを見ながら、登録手続きの続きをやってね。
パスワードは、前にも出てきたけれど、なるべく、英字だけでなく数字や記号も入れて複雑にしたほうがいいのよ。
でも、やり過ぎると本人が覚え切れない。
その辺の兼合いが難しいのね。

夢子バーチャン： この「セキュリティー保護用の質問」というのは、どれかひとつ使えばよろしいのですね。
「母親の旧姓？」、これにしますわ。
ね、どなたか私の亡くなった母の旧姓をご存知ないでしょうか？
私、忘れましたわ。

シャチョー： そんなの知っているわけないだろう。
自分の親の旧姓だって覚えていないのに。
「ペットの名前」にしたら。

夢子バーチャン： ウチのマンション、ペット飼えませんの。

ママ： じゃさ、ペットの名前は「なし」にしたら。
それから、これも、メールアドレスやパスワードと同じように「質問と答え」を手帳かなんかに控えておかなくてはダメよ。

いどっこねえちゃん： いけないっ。母の旧姓は「edo」だったのに「ido」って打っちゃった。どうしよう。

ママ： 心配ないって。
たとえばさぁ、パスワードを忘れたときなんかに使うだけで、「江戸さん」でも「井戸さん」でも、最初に登録した通りに打てばいいの。
Gmailの係の人が、ご実家まで調べに行ったりしないから。
ただ、これもちゃんと記録しておかないとダメよ。

タックスさん： ああ、絶望です。
もうダメだ。この変な曲がった英字、よく見て打ち込んだつもりなのに、また撥ねられた。

三度目の正直にしたいな。ママ、助けてください。

ママ： ああ、この「文字の確認」ね。

正直、私も、これ苦手。そもそも日本人向きじゃない、不親切よ。

うーむ。これは「O」じゃなくて、どっちかというと「C」みたいね。

モトメカさん： 私も、これで三度目だ。

なんだってこんなことをやらされなきゃならんのだ。ケシカラン。

熟年さん： これは、インターネットをお騒がせする人達への対策用なんです。

自慢じゃないけど、私も撥ねられたことがあります。

年寄りには厄介ですね。何とかしてもらいたいです。

シャチョー： オレもこれ嫌いっ。

マーチャン： ハッハッハ。モトメカさんとみなさんの意見が一致したというのは、はじめてね。

なんだか張り合いがないな。

つる子さん： では、実際に、メールのやりとりをしてみましょう。

タックスさん： 残念ながら、出す相手がいない。

家内？ とんでもない。

つる子さん： いいえ。必ず、お一人はおられます。

夢子バーチャン： 一人なんて。メール出すお相手は、8人はいますわ。

つる子さん： そういう方は勝手にどうぞ。
ただし、メールアドレス、おわかりになります？

モトメカさん： 「一人」って誰だい。
メールアドレスがわかっていて、間違っても怒らないヤツって！

つる子さん： それは、あなたご自身です。
じゃ、プリントを見ながら、ご自分にメールを出してみてください。

いどっこねえちゃん： 宛先メールアドレスは、さっき作った自分のメールアドレス、これはわかったのね。
件名、本文は何にすればいいか、これはプリントには書いてないんだ。
自分で考えなさい、ということね。

つる子さん： できた方は、送信ボタンを押していいです。
あら。タックスさん、早かったですね。
じゃね。「送信済みメール」というボタンを押して、中身を見てください。

タックスさん： ちゃんと入っています。
タイトルは「偉大なるタックス君へ」
本文は「タックス君　君はエライ。よく頑張った　タックスより」です。

（全員拍手　パチパチパチ）

夢子バーチャン： あら、受信トレイに、私からのメールが届いていました。嬉しいわ。

つる子さん： じゃ、今度は、お互いに、メールアドレスを教え合って、

メールの「送りっこ」をしてみてください。

つる子さん： あの、モトメカさん、ここでは「＠」マークからあとの部分は、全員同じですから、個人名のところだけ教えて差し上げてね。

モトメカさん： 面倒だなあ。
メール出すたびに、毎回こんなことをやらなくちゃいけないのか。

つる子さん： いえいえ。
残念ながら、一度、メールが届いてしまえば、二度目からは、送信するたびに打ち込む必要はないのです。

タックスさん： 困りますね、夢子バーチャン。
「タックスさん　素敵」なんていう件名。家内がなんというか。

夢子バーチャン： 「本文」には「女房の焼くほど亭主もてもせず」と書いてあります。

タックスさん： ガハハッ。

いどっこねえちゃん： わあ、すごい。ね、これ見て。さすがね。きちっと書いてある。
差出人　元眼火威張留
住所　123-4567　黄昏市夕日の丘９－８－７　電話　099-049-4989

熟年さん： ああ、これ、まずいです。

モトメカさん： まずい？　何がだ。

2．楽しみながら慣れていこうね　69

熟年さん： 「メールに個人情報を必要以上に書かないこと」

これ、大切な事です。

モトメカさん： 誰かが盗み見でもするというのか。

我が家には家内と猫が一匹しかおらん。

熟年さん： あのう、メールは、郵便ハガキやＦＡＸほど安全じゃないんです。

いどっこねえちゃん： ええっ。だって郵便ハガキなんて、中身は丸見えよ。

信じられないわ。

熟年さん： でも、「あなたがポストに入れる」「郵便局で仕分けをする」「郵便屋さんが配達する」という経路の途中で、普通の人が簡単に覗き見をする機会は余りないです。

メールは、あっという間に届きます（ときには遅くなることも）。

でも決まった通り道を通ってくるわけではないし、封筒に入っているわけでもない、むき出しのままです。

場合によっては、バケツリレーみたいに、次から次へといろいろなところを通って届きます。

我々は、途中で盗み見をする技術もないし、その気もないですが、やろうと思えば難しくないそうです。

夢子バーチャン： あら。怖いですね。どうしたら、よろしいのですか。

個人情報を書かないとか——。

熟年さん： 大事なことはふたつ。

メールには「他人の情報を盗んで、金儲けしよう」と思っている連中が見て、喜びそうなことを書かないことです。

「あの人の、元のカノジョは実はダレダレ」というような情報は、有名人に関するものでない限りお金になりません。

しかし、正確な住所、氏名、電話番号ならば、誰のものであれ、絶対に売れます。

ましてや「クレジットカードの番号」や「銀行口座番号」「パスポート番号」は奴らにとっては、一番おいしい情報です。

こういう情報は極力メールには書かない、どうしても書かなくてはならないときは、名前と番号を別々のメールで送る、などの対策が必要です。

それから「愛しいパソコンをウイルスみたいな悪いヤツから守る」ということも大切です。

次回は、そのお話をしましょう。

■2-10　可愛いパソちゃんを守ってあげよう

シャチョー：　今日は「どうしたら、パソコンを守れるか」ということを勉強します。

モトメカさん：　ていうことは、「ウイルス対策ソフトを使え」ということだろう。

シャチョー：　オレも、最初、そう思っていたの。
だけど、それだけじゃないということがわかったのよ。
ウチだってさぁ、ドロボーや強盗に入られないようにするには

・カギをかける
・知らない人は家へ入れない

・出かけるときにはご近所に声をかける
・警備保障会社に頼む

とか、いろいろやるだろう。
そうしていても「運の悪い人はドロボーに入られる」。
「可愛いパソコンを守る」ためだもの、役に立つことは、何でもやったほうがいいの。

モトメカさん： でも、オレのパソコンに悪いムシがつこうとつかなかろうと、こちらの勝手だろ。
ほかの人とは関係がない。

シャチョー： うーむ。そうじゃないの。
インターネットなんてやっていないで、完全にパソコンを「箱入り娘」にして自分だけで使っていたら、悪いムシはつかないかもしれない。
でもさあ、普通にインターネットを使っていて、自分のパソコンがウイルスに感染しちゃったら、そこいらじゅうの人にバイキンをばらまくことになって、みなさんにご迷惑をかけちゃうの。

この「夕陽の丘パソコンクラブ」の関係者だけではなく、見ず知らずの人にも、外国の人にも影響が及ぶことがあるのよ。

夢子バーチャン： そうですわよね。
人間が悪性のインフルエンザなどに感染したときも、他人さまに感染させないようにするのは、なかなか難しいですわ。

シャチョー： そうならないように、いろいろ工夫するのね。
ほら、いつか、ヒロシ君が夢子バーチャンのウチへ行ったときに、インターネットの入り口の穴の手前にルーターという箱をおいたでしょ。
あれもパソコンを守るのに役に立つの。
それからパソコンを終了するとき「コンピューターの電源を切らないでください。更新プログラムをインストール中」っていう言葉が飛び出してくることがあるでしょう——あれも「パソコンを守る」ことと関係があるの。
「壁に穴が見つかったから、そこからバイキンが侵入しないように、絆創膏を貼ります」みたいなことなのね。
それと「悪さをするヤツ」は、ウイルスだけじゃない。パソコンの周りには「振り込め詐欺師」や「乗っ取り犯」みたいなヤツがうようよしているの。
そういうヤツから可愛い「パソちゃん」を守ってあげようね。
——というお話なのです。
わかったぁ？

熟年さん： じゃ、今日は「ウイルス対策ソフト」の話をします。
みなさんがお買いになったパソコンには、期間限定版の「ウイルス対策ソフト」がすでに入っています。
３ヶ月とかの有効期限が切れそうになると、こちらが忘れていてもちゃ

んと先方から「金払え」というメールが来るから大丈夫です。

また、新しいウィンドウズにはウイルス対策の基本機能は組み込まれています。

タックスさん： 友達がね、あのウイルス対策ソフトってヤツ、削除しちゃったらさっぱりしていいだろうな──立ち上がりは速くなるし、いろいろうるさく聞いてこなくなっていいな、と言っていました。

そりゃまずいですよね。

モトメカさん： 確かに、うるさい。うるさすぎる。

ここの先生が「やりなさい」ということをしているのに、「許可しますか」といちいち聞いてこなくてもよさそうなものだ。

熟年さん： パソコンの「元」を動かしている「ウィンドウズ」というところも、いろいろ気を遣ってくれていますから、ウイルス対策ソフトを削除しても、ある程度のうるささは残ります。

それから「ウイルス対策ソフト」を入れているというのは、パソコン用に「用心棒」というか「ガードマン」を雇ったようなものなのです。

この「ガードマン」は、玄関先から侵入しようとしているオトコがいることがわかると、「変なオトコがうろうろしています。家に入れてもいいですか？」と聞いてくれます。

ガードマンは、その不審者があなたのご亭主なのかどうかはわからないので、一応ご注進に及ぶわけです。

妙に気を利かしてもらっても困るし、律儀に聞いてもらったほうが安心ですよ。

夢子バーチャン： あの、もし、ウイルスが入ってきたら、その対策ソフトとやらは何をしてくれますの？

熟年さん： たいてい、すぐにとっ捕まえて、殺してくれる。

どうしても殺せないときでも、厳重に隔離して悪さをしないようにしてくれます。

タックスさん： 人間のウイルスは感染すると「発熱」「喉の痛み」「咳」とか、いろいろな症状が出ますが、「コンピューター・ウイルス」に感染すると、どんな症状が出るのですか。

熟年さん： それは良い質問です。

やはり、みなさんが自分のアタマで考えていろいろ質問をしてくださるというのが、一番いい勉強のあり方だと思います。

まず、タックスさんの作った「手紙」や「友達が送ってくれた写真」が突然パソコンから消える——という被害が考えられます。

でもこれは「大事なものは、パソコンと切り離せる倉庫に入れる」ということで、ある程度は防げます。

もっと厄介な症状は、ウィンドウズという「パソコンを動かしている大元の仕組み」が壊れてパソコンがまともに動かなくなること。

でもこれも、パソコンを「買ったときの状態に戻す」ということをすれば、元通り動かせるようにすることができます。

一番困るのはパソコンのなかに入っている「住所録」や「家計簿」などの大事な記録が勝手にほかのパソコン利用者にばらまかれたり、みなさんが見られる場所に置かれてしまうことです。

それと、もっと困るのは「感染している人が気がつかない」というケースがあることです。自覚症状がないから対策も講じていない、これ最悪です。

最近では、もっともっと悪質なものも登場しています。

タックスさん： そういう悪質なのは「コンピューターＧメン」を育成

して、どんどん摘発したらいいですよ。

「パソコンの清浄化・正常化のために査察を強化する」、それしかないですよ。

マーチャン：　おおっ。さすが、元Gメンですね。

しかし、そんなに簡単ではありません。

コンピューターの処理能力は、めちゃめちゃ速い。

インターネットは一瀉千里に地球上を駆け抜ける。

コンピューターの世界はインターナショナル。

「ここと思えば、またあちら」で、とても追いつけないのね。

だから、パソコンを使う人は、必ず、何らかの「ウイルス対策ソフト」を使う、それだけではなく、ウィンドウズという「パソコンを動かしている大元の仕組み」も、いろいろ防止策を講じているの。

そのほか、いろいろやって何とか防いでいるわけね。

それから、コンピューター・ウイルス以外にも「困り者」がいるのです。

次回はね、そのお話をしましょうね。

シャチョー：　今度はオレの出番です。

「可愛いパソコン」を悪の手から守る、これはウイルスだけが問題じゃないのね。

世の中、悪事の種類も増えて、手口もだんだん巧妙になってきている。

たとえば「フィッシング」。

これは、インターネット版「振り込め詐欺」といわれているものなの。

たとえばさ、夢子バーチャンのところへ、高品屋さんから、メールがくる。

いつも来るメールとレイアウトなんかまったく同じ。

そして、そこに、

「当店の都合で、お客様のカード番号体系を変更させていただくことになりました。大変恐縮でございますが、至急、下記へアクセスして、お

手続きをしてください」

とかなんとか書いてあって「http://www.-----」と出ている。

早速、そのページに行くと、いつもの高品屋さんのホームページと同じデザインの見慣れたページが出ている。

「カード番号変更のお手続きは、こちらから」というボタンを押してなかに入ると、「住所・氏名・今までのカード番号」などの記入欄がもっともらしく並んでいる。

疑うことなく、すべて埋めて送信する。

「詐欺」だってわかったときは「あとの祭り」なのね。

結局、悪い人たちのグループに「クレジットカード番号」を教えてしまったわけね。

それから、パソコン乗っ取りもいつかテレビでも放送していたから知っている人もいるかも知れないけれど、ある日、老夫婦のお宅に役所の人が来て「お宅、パソコン使っていますか。もし使っていたら、ちょっと見せてもらえますか」と聞かれた。

で、役所の人は「お宅のパソコンは海外のグループに乗っ取られていて、彼らは、このパソコンを攻撃基地にして、主要国の政府のコンピューターシステムの破壊活動をやっています」と言うのよ。老夫婦は目が点に――。

なにしろ、たまに、インターネットを使うのだけれど、パソコンのこともウイルス対策のことも、ほとんど何も知らなかったから。

いどっこねえちゃん： まるで、孫たちが遊んでいる「ゲーム」の筋書きみたいね。

タックスさん： 劇画にもありそうですな。

熟年さん： いまや、事実は劇画よりすごい時代ですよ。

モトメカさん： じゃ、結局、我々はどうすればいいのだ。
そんな悲惨な事故を起こさないようにするには、誰も、コンピューターなんか使わんことが一番だな。

マーチャン： 確かに。でも「コンピューター」の事故では、直接は誰も死なないのです。
飛行機もパソコン同様、ハイジャックなどの危険がある。
飛行機の事故は、直ちに人の生死に関わってきます。
でも「すべての航空機の運行を全面的に禁止」にする、ってことにはならないでしょ。
どうして？

モトメカさん： そりゃ、もう飛行機なしでは世の中やって行けなくなっているからじゃないか。
だから、ハイジャックの検査を厳しくするなど、対策を講じながら飛行機を飛ばしている。

いどっこねえちゃん： そうか。コンピューターもコレなしでは、世の

中、回っていかない。

だから「ウイルス対策ソフト」を使うとか、いろいろ工夫しながら使っていく。

モトメカさん： わかったよ。

しかし「いろいろな対策」っていうのは、その「ウィンドウズ」とやらのお節介を容認し、ウイルス対策ソフトのいうことを尊重して、それに従う——それしかないのかね。

マーチャン： もうひとつ「冷静な大人の常識」をフル活用する、ということも大事だと思うの。

これ、「振り込め詐欺防止策」と同じ。

我々は「伊達に年を取っているんじゃない」はずよ。

本来「大人の常識」は、シニアが一番得意とする分野なのに、なぜか、シニアが騙される、情けないわよね。

考えてもみてよ。今の「高品屋さん」のケースでも「至急手続しないと間に合わない」なんておかしくない？

普通、カードの番号体系なんかを変えるときは、新しい「会員カード」を送ってくれて、古いカードを「返信用封筒」に入れて送り返すじゃない？

あるいは古いカードを無効にするとか。

このケースだと、インターネットの使えない人はどうするの？

至急、といっても、旅行中の人、入院している人はどうするの？

おかしいと思わない？

タックスさん： 「技術革新」とやらで、何から何まで変わったでしょう。

洗濯機の使い方も変わった。

テレビも地デジになってやたらにボタンが増えた——身の回りのものがどんどん変わっていく。

孫たちは、まったく抵抗なく使えるのに、我々はついていけない。
それで自信を失った。そのせいで本来持っていた「アンテナ」というか
「触覚」が狂ってしまい、自信を失った——ということでしょうかね。

3．もう少しパソコン君と親しくなろう

■3-1　ウィンドウズ君って、何もの？

マーチャン：　みなさん、すこしパソコン君のことや使い方がわかってきたと思います。

いどっこねえちゃん：　うーんと、少しはパソコン君の氏素性がわかってきたけれど、まだまだ「謎めいたオトコ」なのね。

夢子バーチャン：　そうですわ。
それと、以前からときどき、先輩方のお話に出てきます「ウィンドウズ君」っていうものがわかりませんの。
いったい何者なのでしょう。

モトメカさん： 私も同感だ。

そのウィンドウズっていうのは、いったい何者なのだ。

長年コンピューター屋でメシを喰っていたのに、いまひとつ飲み込めん。

タックスさん： それそれ。まさか、パソコンの裏街道、闇の世界で活躍しているんじゃないでしょうねぇ。

マーチャン： おやおや。

じゃ、ダンボール箱もって「ウィンドウズ君」のねぐらを「ガサ入れ」しに行かなくちゃ。

とにかく、先輩諸氏とご一緒に、考えてみましょう。

みなさん「ソフトウェア」という言葉を聞いたことがありますか。

モトメカさん： 聞いたことはある。

肘痛電気の子会社にも「肘痛ソフトウェア開発」とか、そんな名前の会社があったな。

いわゆる工場なんかはなくて、アタマの良さそうな連中が、パソコンに向かって考えごとをしていた。

マーチャン： そうです。肘痛さん本体では、工場で、電子機器・機械を作っておられましたね。

こういう箱物のことをギョーカイでは、硬い箱という意味で「ハードウェア」というのね。

それに対して「箱を動かす仕掛け」のことを「ソフトウェア」といいます。

中国語でいえば、コンピューターは「電脳」、ハードウェアは「硬件」、ソフトウェアは「軟件」です。

（ついでに「ウィンドウズ君」の発売元のマイクロソフト社は「微軟」であります。）

タックスさん： しかし、我々が、パソコンを買ったときには、別に、そんなものは買わなかった。
それなのにパソコンは動いている、不思議ですな。

いどっこねえちゃん： きっと、買ったときに、ウィンドウズ君はすでに入っていて「セット販売」で「込み」の値段で買っているのよ。

マーチャン： 「ピンポーン」正解です。
いわゆる「入門機」といっている家庭用のパソコンには、買ったときにこのウィンドウズ君以外にも、よく使うソフトウェア（略して「ソフト」。アプリともいいます）がいくつか入っています。

（休憩後）

マーチャン： 「ウィンドウズ」は基本ソフトというもののひとつなのね――。
そもそもソフト（ソフトウェア・プログラム）というものは、機械と人間の「なかを取り持つ」仕事をする「目に見えない道具」です。
ものすごく重要な仕事を受け持っているの。
というのも、機械が人間のために働きたくても、人間は機械とは直接お話ができないからです。
そういうモロモロのソフトの一番元になるのが「基本ソフト」と呼ばれているものです。
「基本ソフト」はパソコンの土台をささえているのよ。

とても重要な仕事をしているのですが、なにしろ、複雑な仕事を一手に引き受けているので気難しく、ときどきご機嫌が悪くなります。
パソコンの調子が悪くなると、よくみなさん「パソコンが壊れた。お前、

3. もう少しパソコン君と親しくなろう｜83

掃除のときにパソコンを下に落としたんじゃないのか」なんて奥様におっしゃいますが、たいていは、このウィンドウズ君の「体調不良」か「ご機嫌斜め」のせいです。

よほど高いところから落としたり、大量に熱湯をかけたりしなければ、機械そのものが壊れるということはあまりありません。

でも、ウィンドウズ君がご機嫌斜めになるのは珍しいことではありません。

そして、これは少し面倒なのですが、たいてい元に戻せます。

そしてご機嫌斜めになってしまう原因の多くは、我々パソコンの持ち主が「無理な仕事」を知らず知らずのうちにやらせているからなのね。

熟年さん： 誰かがさぁ「基本ソフトは『連合艦隊司令長官』だとか『オーケストラの指揮者』だとか『野球の監督』みたいなものだ」って言っていたけど、ボクは、違うと思う。

基本ソフトは単に監督をやっていればいいっていうもんじゃない。

監督であると同時に、コーチであり、トレーナーであり、スコアラーであり、球拾いであり、掃除係であり、ときにはフロントの役もする。

そういう存在なんですよ。

マーチャン： その通りね。

だから「パソコンがわかる」ということは「基本ソフトの仕組みが理解できた」ということだと思うの。

クルマを動かすのに、クルマの機械全体の仕組みを全部知っている必要はないように、ウィンドウズを知っていなくても、一応パソコンは動きます。

でも「花のパソコン道」では、この元になる考え方を大事にしていきたいと思うのね。

とくに、今日のお話は、今後、パソコンと付き合っていく上で、大事なことです。

夢子バーチャン:　いろいろ伺っていると「ウイルスのこと」「基本ソフトのこと」など私には難しそう。
やっぱり「スマホ」か「タブレット」にしておいたほうがよかったかしら。

マーチャン:　「スマホ」も「タブレット」も、コンピューターです。ウイルス対策は必要です。
そして、どちらも「基本ソフト」がしっかり入っています。おんなじよ。

■3-2　パソコンの回りはなぜ「穴だらけ」？

シャチョー:　しばらくぶり。今日は「箱としてのパソコン」すなわち「箱物」のことを考える日なのね。

夢子バーチャン:　そうそう、それ、ワタクシも伺いたかったの。
パソコンの周りって、穴がいっぱい空いていますわね。
これ、何のためでしょうか。

いどっこねえちゃん:　空気抜きかしら。ほら、下のほうが熱くなっているもの。

タックスさん:　でも、もし、それだったら「小さい穴」やら「長細の穴」やら、いろいろな形にしておかなくても、いいんじゃないかな。

マーチャン:　みなさん、いいところに気がつきましたね。素晴らしいです。

3. もう少しパソコン君と親しくなろう　85

シャチョー： これはね、「パソコンの出入り口」なの。表玄関、裏玄関、窓とかさ。

いろいろな形の穴があるだろ。

細長四角形の穴（ＵＳＢコネクタ）とか、マイクロフォンやスピーカーの差し込み用には小さな丸い穴、たくさん穴のあいた「ハーモニカ」みたいな穴、ビデオカメラとつなぐ穴などなど、いろいろあるの。

モトメカさん： 三等重役みたいなヤツだな、コイツは。

いつも取り巻きに囲まれていないと満足しないヤツ。

オレ、こういうヤツは嫌だな。

シャチョー： そうじゃないの。

パソコン君はね、それだけでも楽しめるけどさ、「取り巻き連中」と一緒に仕事をさせると、うんとできることが増えて、使う人が楽しくなるのね。

たとえば、

・プリンターとつなぐと「年賀状」や「名刺」や「カレンダー」なんかの印刷ができるでしょ。
・デジカメとつなぐとデジカメが写した写真を取り込んでアルバムを作れるよね。
・テレビとつなぐと旅先で写した写真を大きい画面で見られるでしょ。

■3-3 「紐付き」でないインターネットを

夢子バーチャン： 確か息子の家に行きましたとき、紐の付いていないパソコンでインターネットをしておりましたわ。

そんなことできますの？

シャチョー： 夢子バーチャン、すっごい観察力だね。エライッ。

そういうのも「あり」なの。無線LANって言ってさぁ。

ていうより、今はそれが普通なのね。

ほら、ルーターっていう箱が夢子バーチャンの家にもあるだろ。

あのなかに「無線でやり取り」ができる仕掛けが入っているんだよ。

それと、今のパソコンには、たいてい無線LANから来た電波を受け止める仕掛けができているから簡単にできるよ。

タックスさん： 我が家では、私とポチは、家内の紐付きです。

インターネットは無線でできても、この一人と一匹は永遠に「紐付き」です。ところで、ケータイにも紐が付いていませんね。

もっとも、紐付きだと、外で使えない。

いどっこねえちゃん： 昔からある電話は紐付きよね。

でも「子機」は紐なし。ただ、子機は玄関の外では聞こえないわ。

マーチャン： みなさん、すごいです。

自分のアタマでどんどん考えておられますね。その調子。その調子。

今は、インターネットだけではなく、プリンターなども「紐なし」で使えるものが増えてきました。

熟年さん： パソコンの無線LANや、固定電話の子機の場合は、家のなか、すなわち無線の勢力範囲内でしか通用しません。

ケータイの場合は、電話会社が日本国中に電波の中継地点を作っているんです。

だから家の外でも使えるんですね。

モトメカさん： そうか。テレビは高い電波塔を立てて、そこから来た

3．もう少しパソコン君と親しくなろう

電波を家のアンテナで受け取る。
みんな、それぞれ電波が届く仕組みがあるんだ。

ママ：　その通り。
家庭のパソコンも、できればさぁ「紐なし」にしたほうがいいのよ。
とくに、年寄りは紐に足をひっかけて転びやすいから。
それと、いずれはスマホとかタブレットを持つようになると思うの。
ああいうものも、無線になっていたら家のなかではお金がかからずに、
バシバシインターネットが使えるのよ。

マーチャン：　まだ、インターネットを「紐付き」でやっているのは、夢子バーチャンとモトメカさんですね。
ヒロシ君の都合のいい日にお宅へ行って手伝ってもらって、「紐がなくてもインターネットが使えるように」作業をしてください。

モトメカさん：　今度は、ヒロシ君がやるのではなくて、手伝うだけなのだな。

マーチャン：　そうです。そうしておけば、もし何かの理由でインターネットがつながらなくなったときなんかに、すごく役立ちます。
いつまでも、他人任せにしていると、ダメね。

4．パソコンを使いこなすチカラ

■4-1　ウェブサイトを「読み取る力」を

マーチャン：　これまでの授業で一応「パソコンと仲良くなれた」と思います。

今日から、どんな風にパソコンに働いてもらったらいいか――を考えてみます。

パソコンは道具です。「我々がやりたいことをやるのを、手伝ってくれる」道具です。

パソコン君に手伝ってもらうためには、彼のことをよく知ることも大切ですが、それだけではなさそうです。

ちゃんとパソコン君が働けるように、こちらから指示していくことも大切なのね。

じゃ、ママ、よろしくね。

ママ：　こんにちは。

今日は、モトメカさんの「老人ホーム探し」を題材に「ホームページを探す、読む、読みこなす」ということについて考えてみましょう。

私も他人事ではないわ。

モトメカさん：　実は、リハビリ病院にいる姉が、まだ、元通りの一人暮らしに戻れるほどよくなっていないのに、病院を追い出される予定なのです。

薄情なもんです。

夢子バーチャン：　それは、病院のせいばかりじゃありませんのよ。
オカミの方針がそうなっているんですの。

モトメカさん：　どっちみち、老人ホームに入るつもりのようですから、
この際、老人ホーム探しをしてみようと。
私としては、ときどき面会に行けるようにこの近くの老人ホームに入っ
てほしいのですが、姉としては、郷里の金無県がいいというのですよ。
住民登録も金無県にしているようだし。

ママ：　じゃ、みなさんで、金無県の高齢者施設の実情を、ホームペー
ジで調べてみましょう。

モトメカさん：　どうせ表面的な「建前」だけしかわからんのだろう。

いどっこねえちゃん：　そうかもしれないけれど、まずは「実態」を調
べてみようよ。
文句を言うのはそのあとでもいいわ。

シャチョー：　そうだよ。
もし、載っていないとか、載っていても調べにくかったりしたり、建前
だけの情報で役に立たなかったら、金無県庁に意見を言えばいいんでね
えの。
お姉さんは県民なんだし、納税者なんだから遠慮することはないよ。

タックスさん：　まずは、グーグルなどを開いて、キーワードを入れる
んですよね。
「老人ホーム」と打ち込むのでしょうか。

いどっこねえちゃん： やっぱし「金無県」と打ち込むほうが早いみたいよ。

ママ： ま、みなさん、自分なりのやり方で探してみてね。

いどっこねえちゃん： あっ。「金無県」で検索したら県庁のホームページが出てきたわ。
「くらし・交流」「ビジネス・働く」なんていう項目がある。
「くらし・交流」をクリックしてみよっと。
えーと。「福祉」というのがあるな。これだろう。
あっ。「社会福祉法人・施設」というのがある。きっと、これよ。

タックスさん： これじゃ、なさそうですよ。
もっと下のほうに「介護・高齢者」というのがあるから、こっちでしょう。

夢子バーチャン： このなかに「高齢者施設・住まい」というのがありますから、きっと、ここね。

いどっこねえちゃん： ああこれね。「有料老人ホームのご案内・設置運営について」。
でも、ここに書いてあるのは「施設の一覧表」ではなくて、「有料老人ホームとは」とか「選定にあたっては　〜施設選びのポイント〜」みたいな「お心得」ね。

モトメカさん： しかし、この「お心得」も、いずれは勉強しなきゃならんな。

夢子バーチャン： あの、ずっと、下のほうを見ますと「県内有料老人

4．パソコンを使いこなすチカラ 91

ホーム一覧表」というのがありますわ。

タックスさん：　ありましたなぁ。

しかし、まだまだです。こんどは県内が地域別になっているので、ここから該当地域を探さなくてはならない。

「県北部」とか「県中部」「島嶼部」とか。

いどっこねえちゃん：　えーと。モトメカさんの郷里の「高嶺市」は、県北部よね。

ああ。みなさん、ついに出ました。

一覧表が。「有料老人ホーム」の一覧表が。

モトメカさん：　みなさん、ありがとう。

しかし、どの施設も「高嶺市」からは遠いな。

いどっこねえちゃん：　そうね、そして、このページにたどりつくのも「遠い道のり」だったわね。

ママ：　一応ね。「金無県」のトップページの上のほうに「サイトマップ」っていうのがあるでしょう。

これを見るほうが、少しは早いかもよ。

大会社とかの大がかりなホームページには「サイトマップ」という一覧表が出ているのよ。

夢子バーチャン：　なるほど。

こちらのほうが、全体の構図がわかりますのね。

熟年さん：　それと、ちょっと目立たないけれど、このホームページの

なかに「白い四角」があって「検索」となっているでしょう。
ここに「老人ホーム」とか打ち込んで調べる手もあります。

いどっこねえちゃん： なるほど。そういう手もあるんだ。

モトメカさん： しかし、この表は簡単すぎて、詳しい情報がわからん。
なんでも、東京都などでは、非常に詳しい情報が公開されていると聞いている。
金無県は、金がないから、この程度でお茶を濁す気なのか。

シャチョー： そんなことはないと思うよ。
こういうことはね、地方は中央官庁の指示で動いているから。

ママ： それより、資料の見方の問題じゃないかしら。
ほら「全施設の『情報開示等一覧表』はこちらをクリックするとダウンロードできます」とか、「施設名をクリックすると『重要事項説明書』（ＰＤＦファイル）をご覧になれます」って書いてあるでしょ。

タックスさん： こういうの見る人って、若い人は少ないのに、言葉づかいなんかも、あんまりシロウト向きじゃないですね。

夢子バーチャン： わあ、詳しいけれど読み解くのが面倒くさそうですわ。

モトメカさん： 確かにすごい。
「重要事項説明書」は、一施設について、１５ページもある。今度は逆に消化不良になりそうだ。
こうなると、「役所の作った書類を読み解く」スキルが必要になる。

4．パソコンを使いこなすチカラ 93

熟年さん： そこが大事ですね。

まず、大切なのは「モトメカさんが、施設を選ぶときに一番気にしていることは何か」ということでしょう。

お姉さんが気持ちよく過ごせるかなど、プライオリティーをつけて、その順に見ていくべきでしょう。

もちろん費用的な面、そのほかお見舞いに行くときの交通の便などなど。

そして候補を絞るのです。

費用面でも、入居一時金は安くても、毎月の費用が高ければ何もならない。

毎月の費用は、よく見てみないとわかりにくいですね。

食費はどうかなどトータルで見ることが大事ですね。

モトメカさんが独自の表をエクセルで作って、それを埋めていくといいでしょう。

マーチャン： 快適かどうかというのは実際に体験してみないとわからないけれど、ひとつの目安として、たとえば、こんな見方はどうかしら。

ほら、この施設は「７０室すべて個室」といいながら、「トイレ」が「１０か所」しかないでしょう。

各個室には「トイレ」がないということね。

足が不自由な方が、折角、個室に入りながら、廊下を通って遠い「トイレ」に行かざるを得ないということは、はたして快適かどうか——ということね。

もっといろいろな「読み方」があるでしょうね。

5．いろいろなサービスとどう付き合うか

■5-1 「スカイプ」で「スカイプ」の話を

マーチャン：　パソコンなんかで「顔を見ながらのおしゃべりがしたい」という方が、いどっこねえちゃんのほかにもいらっしゃるのね。
で、今日の特別授業は、夕映えさんに、その辺のお話をしていただくことにしました。

いどっこねえちゃん：　ええっ？　夕映えさんが、ここへいらっしゃるんですか。
足がご不自由なのに無理じゃないですか。

マーチャン：　そうじゃないのよ。「スカイプ」でお話しをするのよ。
夕映えさんから、スカイプで呼んでいただくの。
このパソコンを使って「スカイプ」をやりましょう。
みなさんはプロジェクターで夕映えさんを見ながら質問してね。

夢子バーチャン：　あっ、モトメカさんのお顔が。
あっ、今度はみんなの顔が映っている。

マーチャン：　パソコンに付いているカメラで写せるのだけれど、別のカメラで写すこともできるのよ。
今は、お教室全体を夕映えさんに見ていただいているの。
あっ。夕映えさんがお呼びになっているわ。

5．いろいろなサービスとどう付き合うか　95

いどっこねえちゃん、この緑色の「受話器」の形のボタンを押してね。

いどっこねえちゃん： はい、押しました。ああっ。
夕映えさんが、スヌーピーの縫いぐるみを抱いて出ていらっしゃった。
こんにちは、夕映えさん。

全員： 夕映えさん、こんにちは。

モトメカさん： 我々の顔が小さい箱のなかに見えていますな。

タックスさん： あ、下のほうに「文字」が見えてきた。

マーチャン： そう、文字（テキスト）で「メッセージ」が送れるのよ。

（夕映えさんからのテキスト・メッセージ）
みなさん、こんにちは。お元気そうなお顔が見えていますよ。
今日は、まず「スカイプ」でお話しながら「スカイプ」のことを、勉強しましょう。
どうぞ、わからないこと、疑問に思うことを話してください。ご一緒に考えましょう。
私は、まだ手も少し不自由なので、ゆっくり打ち込みますよ。
でも、なんでも遠慮なく聞いてくださいよ。

いどっこねえちゃん： 早速ですけれど、いわゆる「モシモシ電話（固定電話）」は別として「スカイプ」のほかにも、離れて住む家族が、顔を見ながらおしゃべりができるサービスがいろいろあるらしいのですが、何を使ったらいいでしょうか。

(夕映えさんからのテキスト・メッセージ)
家族や友達同士でおしゃべりするのであれば、
・たとえば、スマホ、タブレット、パソコンなど、いろいろな機器で使えるものであること
・仲間のなかに初心者がおられるときは、その方の使えるものを優先する
・使えるようにする準備や使い方が簡単なこと
が大切と思います。

いどっこねえちゃん： 宵越しの金は持たない江戸っ子ですが、お金のことは気になります。
普通の電話より安いですか。心配なのは国際電話です。

(夕映えさんからのテキスト・メッセージ)
ふつうにスカイプをするときは国内・海外ともタダです。
インターネットには、もともと「国内・海外」の区別はないですね。
スカイプは海外との交流には最高です。ただ時差があるときはやる時間をよく考えて決めてね。

いどっこねえちゃん： うちね。孫がソウルとオーストラリアに居ますでしょ。
その２軒と、私と三元生中継でビデオチャットがやれないかしら。
やっぱり顔が見えないのは寂しいわ。

（夕映えさんからのテキスト・メッセージ）
今は、無料でやれるようになりました。
５人くらいまでは、ビデオ通話ができます。

モトメカさん： これは、聞きかじりですが、いまどきの若者の間で「ユーストリーム」（Ustream）がはやっとるそうですが、あれは一体何者ですか。
スカイプの類でしょうか。

（夕映えさんからのテキスト・メッセージ）
ハッハッハ。凄いですね。最先端の流行をご存じだなんて。
一口でいえば「テレビ電話」も「スカイプの類」も電話の延長線上にあるのですが、「ユーストリーム」は個人の「テレビ放送」みたいなものと思っていただけるとわかりいいんじゃないでしょうか。
マーチャンセンセイ、今度の「特別授業」で「YouTube」と「Ustream」のお話をしてはいかがでしょう。

マーチャン： それはいいわね。

（ぬいぐるみが話す）
夕映えからのご挨拶です。みなさんお元気で。

夢子バーチャン： あらあら。不思議。どなたがお話になっているので

すか？

熟年さん： 音声合成ソフトが話しているのです。
これからは、しゃべれなくてもこういう技術を使えば話ができます。

■5-2　YouTube

（次の特別授業の日）

マーチャン： 前回お約束した通り、今日はYouTube（ユーチューブ）
のお話をします。
というより、その前に、ビデオ制作ということを考えてみましょう。
今日もプロジェクターの向こう側に夕映えさんが待機してくださってい
ます。
夕映えさん、こんにちは。

（夕映えさんからのテキスト・メッセージ）
やあ、みなさん、こんにちは

モトメカさん： ビデオは孫のバレエの「おさらい会」のときなんかに
撮っている。あれで十分だ。
どうして、それがパソコン教室のテーマになるのかわからん。

（夕映えさんからのテキスト・メッセージ）
ああ、それはいい質問です。まず、それから考えてみましょう。
みなさんは「熟年さん」が制作されたビデオ『未来ちゃん、輝く』をご
存じですね。

5．いろいろなサービスとどう付き合うか 99

夢子バーチャン： 拝見しましたわ。とても感動しました。
たしか「ＴＶＸ」のアマチュアビデオ・コンテストで、優秀賞を受賞されたとか。

マーチャン： どうして、そんなに感動したの。

いどっこねえちゃん： 極小未熟児で生まれた未来ちゃんが、保育箱に入っているのを、若いご両親が不安げに見守っておられるシーン。
そして、若いママの胸に抱かれて退院した日。
芝生で遊ぶ３歳の未来ちゃんは、まだ足もとが頼りなげ。
よく病気をして病院へ行く未来ちゃん。
幼稚園のときからはじめた水泳教室の合宿での笑顔の未来ちゃん。
という短いビデオや、普通の写真（静止画）が続いたあと、運動会のカケッコのシーンとなる。

タックスさん： 未来ちゃんのオジイチャンの熟年さんはビデオカメラを持って走る、未来ちゃんを追いかける。
ビリから２番目で何とか予選を通過する。

モトメカさん： そうだったな。
お弁当の時間に、つる子おばあちゃん特製のオニギリにパワーをもらって決勝に臨む。
一度、バランスを崩して転びそうになり抜かれるが、頑張ってトップに躍り出て、テープを切る。
転びかけたときに、オジイチャンはショックのあまりカメラを落としそうになる。
すなわち決定的なシーンでビデオが揺れる。

シャチョー：　審査員のコメントでさあ「あれが残念。あれがなければ『最優秀賞』も可能だった」と言っていたでしょう。

でも、熟年さんは、カメラマンであると同時に「未来ちゃんのオジイチャン」だもの。

手が揺れるのは当然。それが人情だよ。

マーチャン：　もし、カケッコで一等になったというだけだったら、そんなに感動しなかったかもしれないわね。

でも、ビデオの前半を見た方は、運動会の場面では、どきどき、はらはらしながらご覧になったと思うの。

モトメカさん：　なるほど。それはわかった。

でも、個人的なビデオをユーチューブに公開しなくてもいいように思う。

ママ：　確かに、何もかも公開する必要はないわ。

でも、熟年さんはね、あのビデオをユーチューブに公開して、未来ちゃんの６才のお誕生日に、お世話になった病院の先生、看護師さん、幼稚園の先生やご親戚のみなさんにURL（インターネット上の住所みたいなもの）をメールでお知らせして見ていただいたんですって。

「あの小さかった赤ちゃんがこんなに元気になってよかったね。我々も嬉しいです」というメールがあちこちから届いたそうよ。

つる子さん：　そうなんですよ。

病院の看護師長さんから、あのビデオを「極小未熟児で生まれた子供さんのお母さんにもご覧に入れていいですか」というお話がありまして。もちろん「どうぞ」とお答えしたのですが、ご覧になった若いお母さんたちから「勇気づけられた」「希望が持てた」というメールがたくさん寄せられたそうですよ。

若夫婦も「未来がお嫁に行くときには、このビデオを持たせる」と言っています。

（夕映えさんからのテキスト・メッセージ）
撮りっぱなしのビデオもいいですが「編集する」ことにより、より訴える力というかインパクトが強くなると思いますよ。
みなさんのパソコンのなかにも、ビデオ編集ソフトが入っています。
機会があったら「ビデオ編集」を教わるといいですよ。

モトメカさん：　しかし「ビデオカメラ」は高いんだろう。

熟年さん：　いえ。かなり安くなっているはずですよ。
また、一昔前より軽くなりましたから女性にも使いやすくなりましたよ。
それと、当節は普通のデジカメでも、たいてい「動画撮影」ができます。
まずは、それで試してみてはいかがでしょうか。

マーチャン：　ビデオ編集は、単に「動画の切れっぱし」や「静止画」を並べるだけでなく、「タイトル」や「キャプション」「ＢＧＭ」なんかをつけて作品を作っていく楽しい仕事よ。

夢子バーチャン：　ユーチューブにアップするなんてシロウトには敷居が高そう。

熟年さん：　いや、これは簡単です。

■5-3　Ustream

マーチャン：　じゃ、今回はUstream（ユーストリーム）について考え

てみましょうね。

プロジェクターの向こう側の、夕映えさん、よろしくね。

（夕映えさんからのテキスト・メッセージ）

前にもお話ししたように、ユーストリームで公開するというのは、自分がミニ・テレビ局になってみなさんに見ていただきたいものを「生中継」するということなのです。

前回、熟年さんがユーチューブにアップなさった動画『未来ちゃん、輝く』のことが話題になったけれど、あれを撮影したあとで「編集して」発表するのではなく、運動会の様子を、その場から放送する──ということですね。

もちろん、お友達やご親戚の方に「何月何日の何時ごろから、こういう『ＵＲＬ』で放送します」ということを、メールなどでご案内しておかなくてはならないけれど。

いどっこねえちゃん:　ユーチューブの動画『未来ちゃん、輝く』の場合は、見ている方は「輝く」というタイトルからもわかるように、「いい成績を収めた」ということを、あらかじめ知っていたのよね。

タックスさん:　そうですな。

しかし、それをユーストリームの生中継でご覧になる方は、「予選落ち」するのか、「一等賞」になるのか、「大雨で運動会が中止」になるのか、まったくわからない。

熟年さん:　もちろん、撮影している人にもわからない。

夢子バーチャン:　だから、ご覧になっている方は「ハラハラ、ドキドキ」ですわね。

タックスさん: 　相撲は好きで現役の頃よくテレビで観戦していました
が、ニュースでその日の結果を知ったあとで「相撲ダイジェスト」で「お
さらい」をするのと、休みの日の夕方、実況生中継を見るのとでは緊迫
感が違っていた、あれですね。

（夕映えさんからのテキスト・メッセージ）
もっと言うと、放送局の「プロのカメラマン」と違い、手に入りやすい
機材やその場のインターネット環境で、野外でこういう生中継をすると
いうことは非常に難しいので、「うまく放送できるかどうか」が大問題に
なるのです。

熟年さん: 　ハッハッハ。その可能性大ですね。
それと、運動会の会場みたいなところで、選手や周囲のみなさんにご迷
惑をおかけしないように気遣いながら撮影することは大変難しい。

モトメカさん: 　そうでしょうなぁ。
運動場の隅に「やぐら」でも組み立てさせてもらえれば話は別だが。

（夕映えさんからのテキスト・メッセージ）
家庭での使い方として、こんな例があります。
地方に住む友人は、お孫さんの結婚式に上京して、ぜひひと目、花嫁姿
を見たいと思っていたのですが、病後とあって、まだ旅行は無理と言わ
れ、がっかりしていた。
ところが、その結婚式場がユーストリームでの中継を「試行」という形
でやってくれた。

タックスさん: 　そういえば、姪の結婚式のときは、あとから『この思
いを胸に』とかいうタイトルの結婚式のハイライト版のビデオのＤＶＤ

を送ってくれましたよ。

（夕映えさんからのテキスト・メッセージ）
そのとき、友人を通じて頼まれたので、結婚式場への技術的なアドバイスをしたのです。
そんなわけで、私も結婚式の生中継を見させてもらえたのですよ。

夢子バーチャン：　それで「生中継」はいかがでございました？

（夕映えさんからのテキスト・メッセージ）
私は、何かあったらアドバイスしようと、当日は２時間ずっと見ていたのですが、「ハイライトだけしか写っていないＤＶＤ」より、面白かったですよ。
まず、頼まれ仲人さんが、花嫁の名前を言い間違えた。

モトメカさん：　ハッハッハ。
そういう部分は「ハイライト版」からはカットされてしまう。

（夕映えさんからのテキスト・メッセージ）
一番、おかしかったのは、来賓の長い祝辞に飽きた坊やが、「オトウサン、あのオジチャンのお話が終わったら、ご飯が食べられるんだね」と言ったとき。
必死で笑いをかみ殺している人が写っちゃった。
しかし、友人は、感激していましたよ。
で、その感想を「ツイッター」に書き込むのです。これは会場でも読めます。

・○○子、きれいだよ。お嫁にやっちゃうなんてもったいない。

5．いろいろなサービスとどう付き合うか｜105

・××男さん、○○子は至らないところも多いですが、よろしくお願い
　しますよ。

などなどと。

いどっこねえちゃん：　ツイッターって何ですの。

（夕映えさんからのテキスト・メッセージ）
ああ、これ、今度、説明しますね。

■5-4　ＳＮＳ「Twitter」

タックスさん：　前回お話のあった「ツイッター」ですが。
この名前、どこかで聞いたことがありますな。
国会議事堂から発信していた方がおられたとか。

モトメカさん：　でも、まだ実物を見たことはないな。

マーチャン：　私が一番印象に残っているツイッターの「ひとこま」。
あの、２０１１年３月のなか頃、震災のあとです。
すみません。夕映えさん、ファイルお送りしますから、皆さんにご覧に
入れてね。

（パソコンの画面）
─────────────────────

○○　TomodachiMart夕陽店は、大型のローソクは売り切れ。食パン
はあと８個。

▽▽　スーパーＫＯは、停電区域だから閉店中。

○○　おお　ありがと。

××　市立病院は急患のみですわ。マチナカ医院は休診中。
隣町のガンバル病院はやっています。
────────────────────

いどっこねえちゃん：　テレビや新聞は、こんな小さな町のことを細か
に報道してくれない。
しかも、ここには、湯気の出ている「できたて情報」が行きかっている
のね。

（夕映えさんのテキスト・メッセージ）
ハッハッハ。ツイッターの多くは、この手のものです。
ツイッターというのは、もともと「小鳥のさえずり」からきているそう
ですが、楽しい「歌声」ばかりでなく「うんざりする鳴き声（泣き声）」
も聞こえてきますよ。
でも、ときどき「ジーンとする発言」や「ああ、こんな考え方もあるん
だ」というものもありますね。
これは、私と同じ病院でリハビリをした人の「つぶやき」です。

────────────────────

☆☆　退院の日。看護師さんが、車椅子に、若葉マークを付けてくれた。
────────────────────

夢子バーチャン：　お友達で入院していらっしゃる方がいますのね。
この方、毎日、ラジオ局のトーク番組を熱心に聴いているんですって。

以前は「お便り急募係さん」へ何か書いて送るときはハガキに書いていたのね。

でも、まだ一人では歩けないから、誰か面会の人がくるまで、ハガキはそのままになっていたらしいの。

ハガキの中身も時間がたつと「ご賞味期限切れ」になりますわ。

ところが、弟さんがスマホを買ってきてくれてからは、聴いたすぐあとに、ツイッターなんかで「お便り」が送れるから嬉しいと言っていたわ。

■5-5　ＳＮＳ「Facebook」

いどっこねえちゃん：　友達がFacebook（フェイスブック）とかいうものに、夢中なのね。

これと「ツイッター」とはどこが違うのかしら。

（夕映えさんからのテキスト・メッセージ）

うーむ。この手のものをまとめて「ＳＮＳ」と言うのだけれど、「ＳＮＳ」というのはね、

「人と人とのつながりを広げたり、知らせたいことや、気持ちや、考え方を皆さんから聞いたり、聞いてもらったりするインターネット上の人の集まり」

とでも言えばわかってもらえるかな。

ツイッターは、

・開かれた場にホットな情報がとびかっている

・参加者同士の結び付きが緩い

・登録さえすれば「誰でも読める、だれでも書ける」

というサービスです。

フェイスブックは、限られた人とだけで交流する場。

・友人・知人間のつながりを深めたり円滑にするお手伝いをする

・さらに同じ趣味の人や、同じ地域に住む人をつなげる

・または「友人の友人」といったつながりを通じて友達の輪を広げていく

そのための手段として使われている。

フェイスブックで、誰々さんと友達になるには「友達リクエスト」を出して「承認」をもらう必要があります。アカの他人ではない、安心できる友人や知人と、内輪で付き合うのが、本来の目的だったのですね。

でも、トラブルがいろいろ起きているのも事実です。

いどっこねえちゃん： ところで、大規模なＳＮＳではどうしてトラブルが起きるのかな。

熟年さん： 悪いやつが「成りすましたり」「のっとったりする」例もあります。

それとは別に、人間関係がこじれるのは、もともとＳＮＳは世の中の掟を心得たオトナ向けにできているのに、人間力が足りない未熟な人間が入ってくるからでしょうね。

モトメカさん： おお、耳が痛いな。

夢子バーチャン： ＳＮＳへはケータイからも投稿できますの？

（夕映えさんからのテキスト・メッセージ）

できますよ。とくにツイッターでは、一度の投稿は１４０字以内と決まっています。

この字数だとケータイにちょうどいい。

スマホやケータイから投稿ができるから、即時性が発揮できるのでしょ

うね。

いどっこねえちゃん： そうよね。家へ帰ってパソコンから発信したんでは、情報が古くなるものね。

タックスさん： 若い者は、いろいろ考えますな。

■5-6　ＳＮＳ〜シニア向けのＳＮＳも

マーチャン： ツイッターやフェイスブックのような巨大ＳＮＳ以外に、分野限定のＳＮＳもあるのよ。

私がメンバーになっている「メロウ倶楽部」も、一種のＳＮＳなのですが、ここはインターネット上で活躍している全国規模のシニアネットです。

もう、１０年、１５年越しのお付き合いでしょう。

だから私、東京近辺に住んでいながら、九州や北海道からアメリカにまで親友がいるのよ。

なかには、一度もお会いしたことがない大親友もいるの。

「ちょっとしたおしゃべり」「写真」「音楽」などを通じた友達作りは、どの年代のグループでもやっているようだけれど、このほかにもシニアの好きな「俳句・川柳・ドドイツ」など文芸も充実しているの。

でも、やっぱりこれだけは、シニアの集まりにしかないもの、それは「生と老」という部屋なのですね。

病気の重くなられた年長の方の日誌が途絶えたりすると、みんな身内のことのように心配するの。

某月某日　医者から余命あと３ヶ月といわれた。

某月某日　計算すると、残りあとひと月。

　　　　　家内は年賀はがきの予約の取り消しを考えている。

某月某日　今日は、3行書き込むのがやっと。苦しい。

某月某日　家内は、デパートの3万円のお節を予約した。

某月某日　ひとこと書いたら力が尽きた。

淡々とした短い文章のなかに、ご本人、奥様の心の動きも感じられる。そして、私たち、あとに続くものに、年を取って、病を得て、旅立っていくということが、どういうことかを教えてくれるのね。

まあ、私も世話人の一人として、シニアのために、これからシニアになる人のために精一杯頑張らなくっちゃ、と思っています。

ご両親、ご主人の介護のことを縷々つづってくださる方もあるわ。

私も介護中は、書き続けていたのよ。

今や、国民総介護時代。読む人には参考になるし、書く人も、書くことで癒されるのね。

6．トシをとったら目も耳も

■6-1　パソコンの画面をもっと見やすく

つる子さん：　今日は、私の番です。「パソコン悩み事相談の日」ですね。
もちろん、３つに２つは、私にもわかりませんわ。
でも、熟年さんも、マーチャンセンセイもおられるから安心して何でも
聞いてくださいね。

いどっこねえちゃん：　いよいよ、トシね。
パソコン画面が見難くて。なんとかならないかしら。

モトメカさん：　私もそうなりつつある。
突っ張っていても「老化」は、ひたひたと押し寄せてくる。

タックスさん：　私もです。
ですから、家内に教わって、インターネットを見るときは、上のほうに
ある「表示」の「文字のサイズ」を大きくしています。

シャチョー：　さすが、タックスさんの奥方。大したもんだね。

ママ：　だけど、大きくしてくれないホームページもあるのよ。
これは、そのホームページを作った人の問題なんだけれど。

モトメカさん：　根性悪いヤツが作っているのかな。

つる子さん： いえね。

作った方が、目の少し弱っている方でも見られるようなホームページの作り方を、よくご存じないだけだと思いますわ。

それより、タックスさんのパソコンには、奥様のより新しい「Windows 8.1」が入っていますから、「インターネット」の画面の右下（時刻の出ているすぐ上に）に「１００％」という字が見えるでしょう。

それを開いて「１２５％」みたいに、数字を大きくすれば、お好きな大きさで見られますよ。

タックスさん： ありがとうございました。

ああ、お陰様で「私から、家内に教えてやれること」がひとつできました。

夢子バーチャン： エクセルは、目が疲れますの。

シャチョー： 一説には、エクセルが年寄りに嫌われる理由のひとつに、最初に出てくる画面の、ひとつひとつのセルが、あまりにも細くて、線の色もあまりにも薄くて、よく見えないからだと言われているの。

マーチャン： それは言えるわね。

私も、この頃、めっきり目が悪くなったからよくわかる。

夢子バーチャン： あら、マーチャンセンセイも、ついに――。

マーチャン： でもね。こういう工夫をしているので参考にしてください。

・エクセルのシートのすべてを選択して、行高さや列幅、フォントサイズなどを「大き目」にする。

6．トシをとったら目も耳も 113

・そのほかの項目も自分の好きな設定にして、最後に「名前を付けて保存」をするときに「マーチャン用規定値」などという名前にするのね。

モトメカさん：　私など、そそっかしいから、すぐ、上書きしてしまいそうだ。
そうすると、また新たに作らなくてはならなくなる。

タックスさん：　家内は、やたらに書き変えちゃいけないものは、「ファイル」の「プロパティー」の「全般」で「読み取り専用」にしておくそうです。

熟年さん：　もちろん、右下の「ズーム」で都度拡大してもいいですよ。
ただし、その場合は、プリントしたときなんかは、小さいままで印刷されます。
プリントを読む人もシニアという場合は、要注意です。

シャチョー：　さすが――。

マーチャン：　それにしても、みなさん、もうすっかり「パソコンとお友達」になれたのね。素晴らしいわ。

夢子バーチャン：　私、白地に黒色の文字だと、目が疲れますの。
それで「ケータイ」の画面は白黒反転させておりますのね。
そうすると、メールを読むときなど目がラクですの。
それと同じことがパソコンでもできるとよろしいのに。

つる子さん：　わかりますわ。私もそうですもの。
日差しの強い場所では、とくにそうですわ。

私は「ページレイアウト」の「ページの色」から「黒」や「濃紺」など濃い色を選びます。
文字を打つときは、白や「黄色系」が見やすいですわ。
そして、「大きめの字」の「太字」にするのが私にはいいのですが、これは、お一人お一人違うでしょうから、実際に試してみて、一番見やすい色を選んでください。

ワードの文字は、文章の流れからよく見えなくてもなんとかなるのですが、エクセルの数字（とくに金額）などは、前後の関係からは判断できないでしょう。だから間違えずにきっちり打ち込まないといけないので、とくに「見やすい画面」にしておくことが大事ですね。
そうでないと疲れます。

夢子バーチャン:　ありがとうございました。とても、助かりますわ。
あと、ときどき、画面のなかで「マウスポインター」が行方不明になりますの。
もう少し見やすいといいのですが。

つる子さん:　できますよ。「コントロールパネル」の「マウスの設定」からやってみてください。

マーチャン:　それからパソコンには「コンピューターの簡単操作センター」というものがあります。
このなかから「自分や周囲の方のお役に立てそうなもの」を探してみてね。

ママ:　いつか、マーチャンセンセイが、こういうことは「コンピューターの簡単操作センター」というところを見なさい、と教えてくださったでしょう。

6. トシをとったら目も耳も　115

それまでは、「コンピューターの簡単操作」というのは、「初心者向けのやり方」が書いてあるところだとばっかり思っていたの。

シャチョー： オレもさ。確かに、まず名前がわかりにくい。
それにさ、「コンピューターの簡単操作センター」を開くだろ。
そうするといきなり、オネエサンがでっかい声で「切り口上」で話し出すんだ。
最初、オレびっくりして「×印」を押して消しちゃった。
このページを引きずり降ろしていく（スクロールする）と、終わりのほうに、やっと「マウスを使いやすくします」というのがあるんだよ。
そこまでたどり着くのは、少しでも目の弱っている人には大変だよ。

モトメカさん： 確かに、そうだ。
生産現場の人間はみな若い。そこまで、考えが及んでおらん。
しかし、日本の人口の四分の一は、高齢者——という時代にあって、これは問題だな。

タックスさん： そうなのですよ。
それと、若い連中は、

　　「視力障害のある人」と「視力障害のない人」、
　　「難聴者」と「普通に聞こえる人」
　　「認知症の人」と「認知症でない人」

と簡単に、2種類に分類してしまう。

ところが実際には「普通に聞こえる」「小さい声は聞こえない」「大声は聞こえる」「まったく聞こえない」とか、いろいろな段階があるのです。
また「ものが見えにくい人」も、その程度や「どんな風に見えないか」は、人によってそれぞれ違う。

そこまで考えてほしいですね。

「簡単操作センター」に「画面の見難い方へ」という項目があって、そのなかに「視力検査場」みたいなものがあって、そこで診断をして個別に「対処方法」を教えてくれるといいですね。

7．パソコントラブル、まず落ち着いて

■7-1　突然、メールが送れなくなった

マーチャン：　今日は、トラブル解決の勉強をしましょう。
というのも、このところ「トラブル」についてのご相談が増えているからです。
パソコンは、いろいろなことに使えて大変便利な道具ですが、何かと複雑なので、どうしてもトラブルが発生しやすいのです。
ただ、前にもお話しましたように、「パソコントラブル」で死んだ人はいません。
長い人生経験をお持ちのみなさん、この程度のことで慌てたりしてはおかしいですよ。
落ち着いて、問題解決に取り組みましょう。
じゃ、ママ、よろしくね。

ママ：　えーと「メールが送れない」と言っておられるのは、モトメカさんよね。
症状を説明してください。

モトメカさん：　「説明しろ」って言ったって、何から話していいか、わからないんだ。

ママ：　お子さんが小さいとき、急に高熱を出して、心配してお医者さんに連れて行った経験があるでしょう。

118 ｜ 7．パソコントラブル、まず落ち着いて

そんなとき、お医者さんは「どこから手をつけていいか、わからない」なんて言っていませんね。

いどっこねえちゃん： そうね。「いつからですか」「吐いたり下したりしませんか」「咳は出ませんか」なんて、発熱の原因究明に参考になりそうなことを聞いていましたよね。

ママ： その通りよ。パソコンの病気の診断も同じです。
じゃ、みなさん、モトメカさんのパソコンのお医者さんになったつもりで、診察してあげてね。

タックスさん： もしかして、モトメカさんのパソコンのせいではなくて、モトメカ家のインターネットがおかしくなっているという可能性もありますよ。
うちでも、インターネットが使えないことがあったのですよ。そしたら、家内が自分のパソコンで調べてくれて。
なんでも「プロバイダのサーバーがどうとかこうとかだから、今日は家ではインターネットは使えない」と言っていました。
モトメカ家でも、同じことが起きていたということも考えられます。

夢子バーチャン： じゃ、お教室でちゃんとインターネットが使えたら、パソコンの問題ではなく、モトメカ家のインターネットの問題ですわね。

マーチャン： おおっ。名医揃いね。
いい線いっていますね。

いどっこねえちゃん： じゃ、一人ずつ、問診させていただきますね。
まず、第一問です。

7．パソコントラブル、まず落ち着いて　119

送信の相手さんは、はじめて送信する方ですか。

モトメカさん： いや、息子です。
送ったのは、来たメールへの「返信」だった。

夢子バーチャン： そのときに「メールソフト」から「なぜ送れないか」を言ってきたと思うのですが（エラーメッセージ）、内容を覚えていらっしゃいますかしら。

モトメカさん： 忘れた。というより、よく読んでいない。

タックスさん： 念のため、そのあとで、どなたかほかの方へもメールを送りましたか。

モトメカさん： いや、送っていない。
パソコンが壊れたので、送っても無駄だと思った。

いどっこねえちゃん： 「受信」はなさいましたの。

モトメカさん： あんた、「送信」ができないのに「受信」ができるわけがないじゃないか。

夢子バーチャン： じゃ、もちろん、ホームページなんかも、ご覧になっていませんわね。

モトメカさん： 当たり前だ。

ママ： じゃ、モトメカさん、パソコンをお教室のインターネットにつ

ないで「送信」「受信」「ホームページを見る」をやってみてください。

モトメカさん： 無駄だと思うが、ま、やってみよう。

ママ： やっぱし。「送信」「受信」「ホームページを見る」が、ぜんぶやれたわよね。
これは、たぶん、タックスさんの話に出てきたように、インターネット側の問題じゃん。

マーチャン： そのようね。
ほら、ここを見て。このウェブサイト。
「サーバートラブルで一時停止しました」って書いてあるでしょ。
時刻も、ちゃんと出ている。

モトメカさん： これだな、ケシカラン。

マーチャン： もうお宅でも使えるはずよ。
家に帰っても、まだつながらなかったらお電話してね。

■7-2　写真が見られない

つる子さん： 今日も「トラブル対策」をいたします。
夢子バーチャンの「写真が見られない」を「教材」にさせていただきます。
じゃ、みなさんがお医者さんになったつもりで、問診してください。

モトメカさん： そのパソコンでは、まったく「絵」とか「写真」は見られんのですか。

7．パソコントラブル、まず落ち着いて　121

マーチャン：　いい質問ですね。その調子、その調子。

夢子バーチャン：　いえ。
ただ、お友達のホームページに載っているはずの「お孫さんの七五三の写真」だけが見られないの。

タックスさん：　もしかして、そのホームページのどこかに、写真が入るくらいの大きさの四角があって、なかは空っぽ、左上に赤いバッテンが付いていて下のほうに「写真は〇〇子の七五三の晴れ姿」なんて説明が付いている——とか。

夢子バーチャン：　まあ、よくご存じですね。
その通りです。凄い推理力をお持ちなのですね。

タックスさん：　いや、私も、同じようなホームページを見たことがありますので。

いどっこねえちゃん：　それって、夢子バーチャンのパソコンのせいじゃないと思うの。

つる子さん：　ご明察ですわ。
ホームページを作った方のほうに問題がありそうですね。

夢子バーチャン：　そうでしょうか。
いえ、パソコンが悪くなくても、私の操作方法が違っているとか。

つる子さん：　じゃ、みなさんもパソコンを立ち上げて、インターネットに接続してください。

夢子バーチャン、そのホームページの「お題」といいますか「タイトル」を教えてくださいませ。

夢子バーチャン： タイトルは「佳織、北の果ての大地を生きる」ですわ。
そこに、佳織ちゃんの七五三のときの写真を載せたというのです。

モトメカさん： ああ、これだな。なかなかいいページじゃないですか。
あっ。やっぱり、タックスさん、あなたの言う通りだ。
カラの四角のなかに赤いバッテンが付いている。

いどっこねえちゃん： あれっ。不思議。私のも、同じよ。

タックスさん： 同様ですな。
しかし、今ひとつわからんのは、「どうしてこういうことが起きるか」だ。

つる子さん： いいところにお気づきですわ。

熟年さん： じゃ、今日は「ホームページは、どんな風にできているか」についてお話します。
まず、今、ご覧になっているホームページの上のほうにある「メニュー」の「表示」というのを開いてください。
そのなかに「ソース」というのがありますね。
ここをクリックしてみてください。

モトメカさん： ああ。わけのわからん英字がいっぱい出てきた。

いどっこねえちゃん： 私、ソース嫌い。とんかつソースも苦手。

7．パソコントラブル、まず落ち着いて

熟年さん： しかし、このなかには「日本語」が混じっているでしょう。「酷寒の大地で生まれ、育った、佳織の七五三」のように。

モトメカさん： そういえば、そうだ。
しかし、この「暗号」みたいな英字の行列は、一体なんだ。

熟年さん： これは、このホームページの「設計図」です。
この文字の部分の「文字の色」はこれこれ、「文字の大きさ」はこれこれにしてくれ——などと書いてあるのです。
シロウトがホームページを持つ場合は、たいてい「プロバイダ」と呼ばれているインターネット接続業者などの大型倉庫に間借りするのです。
申し込むと「カギのかかるロッカー」みたいな場所を貸してくれます。
ここに、この「設計図」などを送って預かってもらうわけです。
ただ、写真や音楽などは、「文字」のように「設計図」に埋め込むことはできないので、「設計図」には、たとえば「こういう名前の写真をこの場所に貼り付けてくれ」と書かれているだけです。
で、設計図に書いてあるのと「同じ名前の写真」も、同じロッカーに送り込んでおくわけですね。

赤い「バッテン」が付いていて「写真」が表示されていないということは、たぶん、作った方が「写真を送っておくのを忘れた」か「写真の名前が、設計図にある名前と違っていた」かのどちらかだと思いますよ。
ふつうは作ったあとで、ちゃんと見られるか作った方が確認するものなのですが、何か手違いがあったのでしょう。

夢子バーチャン： お友達の教えてくださった「http://www---」というのは、そのホームページの設計図などを預かってもらっている「ロッカー」の「住所」なのですね。

熟年さん： ご明察です。

で、夢子バーチャンは、この住所をブラウザ（ホームページ閲覧ソフト）のインターネットエクスプローラー（IE）にメールからコピーして貼り付けたわけですね。

あるいはグーグルの「検索窓」に「酷寒の大地　生まれ　育った　佳織」などのキーワードを入れて検索したか。

いずれにせよ、インターネットエクスプローラー（IE）は、設計図や写真などをロッカーからもらってきて、設計図の指示に従って並べたわけです。

ところで、そのお友達に佳織ちゃんの写真が見られなかった、ということを教えてあげたほうがいいですよ。

誰にも見てもらえていないなんて、お友達は気が付いていないのかもしれませんよ。

■7-3　音が聞こえない

つる子さん： 今日のトラブル対策は、モトメカさんの「音が出ない体験」を学習します。

モトメカさん： 実は、この間、熟年さんの最新作『未来ちゃん、登頂に成功』のビデオを見せてもらおうと思って、教えてもらったＵＲＬをクリックした。

そうしたら、動画っていうんですか、絵は動くのですが音声が出ない。

それで、生まれてはじめてメーカーの「サポートセンター」というのに、電話をかけてみた。

もし、今、そういうことが起きたら、教えてもらったように順を追って調べてみたかもしれんが、そのときは、パソコンが壊れたのかと思った。

7．パソコントラブル、まず落ち着いて　125

で、まずは、修理を頼むつもりで電話をしたのだ。

夢子バーチャン： すぐ、電話がつながりまして？

モトメカさん： つながったのは、結構早かった。
しかし、そのあとがいけない。
「何とかの方は、何番を押してください」というのが続く。
私の場合は、そのどれに該当するのかがよくわからなくなったのだ。
というのは考えてみると「音が出ない」というのは「パソコンの故障」
だけが理由とは限らないのだ。「単なる私の操作ミス」ということもあり
得る。

思わず「パソコンから音が出ないんだ」と言ったのだが、考えてみれば
相手は人間じゃない。こっちの発言を無視して「何とかの方は何番へ」
を繰り返す。
で、とにかく「操作方法のわからない方」のほうの番号を押してみた。
そうしたら「順番におつなぎしていますから、しばらくお待ちいただく
か、あとからおかけ直してください」という。
つながるのを待っている間に「パソコンの型式・型番などのわかるもの
をお手許にご用意してお待ちください」という。「それを、もっと早く言
わんか」と思わず怒鳴ってしまった。

しかし、何度も言うが、相手は人間じゃない。
一度、電話を切って、戸棚から「保証書」や「取扱説明書」が入ってい
る「パソコン関係書類（重要）」という封筒を取り出した。
そして改めて電話をかけ直した。
これは、最初の勉強の日に、つる子センセイから「保証書などはわかり
やすいところへしまって置きなさい」と言われたのが役に立っている。

つる子さん： おほめいただきまして光栄です。

それで、電話をかけ直したあとも、だいぶ、お待ちになりましたの。

モトメカさん： １５分くらいかな。しかし待つ身には長く感じられる。待っている間、繰り返し聞こえてくる音声で、「パソコンの操作方法につきましては、当社のホームページでもご案内しております。http://ナントカ・カントカの『ＦＡＱ』をご覧ください」と言うのだが、どうせ、私が見てもわからんと思った。

タックスさん： 私たち、門外漢には「業界用語」がわからないので、いま、自分のパソコンで起きていることを、なんと説明したらいいのかが、わからないのですね。

シャチョー： 業界の人たちには、「ふつうの人の言葉では、こういう現象をなんと言えばわかってもらえるか」がわからないんでねえの。

夢子バーチャン： その通りですわ。いつも、先生方は「わからないことは『グーグル』みたいな検索ソフトに聞け」っておっしゃいますでしょ。でも、検索窓に何て打ち込んでいいかがわかりませんの。

はじめての日、「登録」の画面で「変な歪んだわかりにくい英字」が出てきて読めなくて困ったでしょ。

そこであるとき、「変な　歪んだ　わかりにくい　英字」とグーグルに打ちこんでみたのですが、この「キーワード」はわかってもらえなくて。

つる子さん： ところで、電話がつながったあとは、どうでしたの。

モトメカさん： 結局は、機械（ハードウェア）の故障ではなくて「操作方法」の問題だったようだ。

7．パソコントラブル、まず落ち着いて　127

いどっこねえちゃん： と、いうことは、どうやったら直ったの？

モトメカさん： それがさっぱりわからんのだ。
「はい、ではコントロールパネルを開いてください」「開いたよ」
「ありがとうございます。では、次に、そのなかの『ハードウェアとサウンド』を開いてください」などと矢継ぎ早に言い立てる。
こちらは、相手の注文通りに操作することで精一杯だ。
その調子でいろいろやらされているうちに、聞こえるようになった。
「聞こえたよ」と言ったら、「お疲れさまでした」と言われて電話が切れた。

タックスさん： 電話の後ろに行列ができているのだから急ぐのも無理ないですなあ。

いどっこねえちゃん： 電話に出た人は、いい人だった？

モトメカさん： うん。なかなか、親切ではあった。

タックスさん： 言葉も丁寧でしょう。

モトメカさん： 「パソコンのほう、立ち上がっていらっしゃいますでしょうか」などと、機械にまで敬語を使ってくれたよ。
しかし、今度のことでわかったのは「機械的な故障というものは滅多にない」ということ。
それと、もうひとつ、「この程度のトラブルは自分で解決できたほうがいい」ということだ。

つる子さん： それが、わかったということは、素晴らしいですわ。

128 ｜ 7．パソコントラブル、まず落ち着いて

■7-4 猛暑にやられた

シャチョー：「パソコントラブル」シリーズの最後の日ね。
今日は、タックスさんの「真夏の午後のできごと」について考えてみようね。

タックスさん： いや、もう、この頃は、いいのです。
実は、9月になって「もう秋だ」と思って、昼下がりの暑い最中に、パソコンをいじっていると、突然「終了」してしまったのですよ。何度も。

夢子バーチャン： うちのは、画面がシマシマ模様になったことがありました。

シャチョー： この夏は、人間だって、ウチのバカ犬だって、ヒイヒイいっていたよ。
まあ、今年は、もう大丈夫だけれど、来年以降も地球温暖化で「猛暑」には悩まされるだろうから、いつものように一緒に考えてみようね。
ところで、もしダンナが、夏のある日「気分が悪くなった」と言いながらウチへ帰ってきたとしたら、どうする？

タックスさん： ほっぺたひっぱたいて「しっかりしろっ」という。

夢子バーチャン： あらあら。さすが、タックス家ですわ。

いどっこねえちゃん： ま、常識的な線では、家のなかで一番涼しい場所に寝かせて、上着を脱がせて、ネクタイをとって、ズボンのベルトを緩めて——。

7．パソコントラブル、まず落ち着いて | 129

モトメカさん： 静かにさせておく。

夢子バーチャン： クチから飲めるようであれば、スポーツドリンクなどの水分を。

私は、こういうときは梅酒をいただくの。

シャチョー： パソコンも、同じなの。

ま、水や梅酒は好まないようだけれどね。

家で一番涼しい場所に持って行って、電源を切って、プリンターのケーブル、ＡＣアダプターみたいなものをはずしてやる。ダンナのネクタイをはずしてやるのと同じね。

そして、静かに一晩寝かせてやる。そうすれば、翌朝は、元気になっていることが多いのね。

ノートパソコンは小さい箱のなかに、あれこれとびっしり機械が詰まっていて、電気もたくさん流れているから、熱に弱いの。

まあ、そのあとも、ときどき「熱中症（パソコンの場合は「熱暴走」という）」にかかるようなら「熱対策グッズ」を買う手もあるよ。

■7-5　トラブルがあなたをベテランにする

マーチャン： みなさん、だいぶ「問題解決力」がつきましたね。

ところで、先日、パソコンを使っておられる７０代のお友達が、こんなことを話しておられました。

―――――――――――――

主人が、オレもぽつぽつボケてきたかな、と言いながら出かけた少しあとのことです。

電話がかかってきて「缶打警察署の者ですが」というのです。それが、

130　7．パソコントラブル、まず落ち着いて

若い男の人の声なのですが、とても朴訥で、人の良さそうな、優しいおまわりさんという感じでした。

はじめは信用してしまいそうになりました。

ところが、話の内容を聞いていますと、なんでも、うちの主人が銀行の通帳を落としたのを保管しているから——ということなのですね。

そこで「ちょっとおかしいのでは」と思いはじめました。だって、外出するときには「キャッシュカード」は持って歩くことはありますが、「銀行の通帳」は用のあるとき以外は持って歩きませんわ。

そこで「じきに主人が戻りますから、こちらから改めてお電話させます。お電話番号を教えてください」と言いますと、「プツン」と電話が切れました。

_____

というお話なのです。

はじめ信用しかけたというのを除けば、この奥様、大変冷静な判断力をお持ちです。

皆さんもそうでしょうが、パソコンをやる方は、しょっちゅうトラブル退治をやらざるをえません。それが、「問題を冷静に考える」訓練になっているのではないでしょうか。

もし、そうならば、パソコン修業もムダではありませんね。

いどっこねえちゃん：　それとさあ、トラブルって「パソコンの勉強」になるのよね。

タックスさん：　そうですな。病気もそうです。

自分や家族が、何かの病気になると「その病気についての一廉の専門家」になってしまう。

「クスリで治すか、手術をするか」などとお医者さんに決断を迫られる

7．パソコントラブル、まず落ち着いて　131

と、必死で勉強しますから。

夢子バーチャン： 確かにそうですわ。
もし、お友達のホームページで、あの「七五三」の写真が問題なく見られ
たら、「ホームページを見る仕組み」なんて知る機会がなかったでしょ。

モトメカさん： 私もそう思う。
それと、こういう「グループ学習」だと、ほかのみなさんのトラブルも
勉強できるからなおいい。
「トラブル汝を玉にす」ですな。

8．ひと様のお役に立てた

■8-1　デイ・サービスでタブレット音楽会

マーチャン：　突然で申しわけないのですが、来週の木曜日にデイサービスセンター「おひるね園」の音楽会に出演して欲しいの。

夢子バーチャン：　けっこうですわ。で、お歌を歌いますの？

つる子さん：　いいえ。タブレットやスマホで合奏をするのです。

モトメカさん：　まさか、私に「出演せよ」とは言わないだろう。

つる子さん：　いいえ。皆さんで。
まず、タックスさんのパソコンはタッチパネルが使えますから、ご自分のパソコンで。
「Pianino シンセサイザー ピアノ」というアプリをストアからダウンロードしてください。
はい。無料です。

それから、いどっこねえちゃんと、夢子バーチャンには、タブレットをお貸しします。
ピアノ用のアプリは入っています。
モトメカさんは、スマホを使ってくださいね。

演奏の仕方はマーチャンセンセイが教えてくださいます。
「曲」は「ゆりかごの唄」です。

マーチャン：　夢子バーチャンは、こどものときにピアノを習っておら
れたと伺っていますから、二人でメロディーラインを弾きましょう。
夢子バーチャン、低音部をお願いね。
タックスさんは、クラシックギターをお弾きになるでしょう。この楽譜
のギターというところをお願いしますね。
モトメカさんと、いどっこねえちゃんは、鈴をお願いね。
じゃ、イヤホンを使ってご自分のパートを練習してください。
テンポは、メトロノームアプリでね。こういう歌だから、少しゆっくり
目にね。このテンポでいきましょう。
タックスさんは、ママにお手伝いしてもらってね。
それから、モトメカさんといどっこねえちゃんは熟年さんに手伝っても
らってね。

いどっこねえちゃん：　「リーン」「リーン」と、このテンポでね。
よしよし、なんとかいけそうだわ。

熟年さん：お二人とも、イヤホン、私に貸してください。
聴いてみますね。
テンポは揃うようになりましたね。
ただ、モトメカさん、もう少し、やさしく静かに鈴を鳴らしてください。
それじゃあ、あかちゃん、目が覚めちゃいますよ。

マーチャン：　そろそろ皆さんで、合わせてみましょう。
はい。セーノ！　　♪♪♪♪♪♪♪♪

結構、まとまっているじゃない。すごい。
これ、みなさんの息が合っているからよ。

モトメカさん：　きれいな曲だなぁ。何か、心が静まるような気がする。

（翌週の稽古日に）

マーチャン：　みなさん、先週は、ありがとうございました。
あのあと、園長さんからお電話をいただいて、
「とても、好評でした。来所者からも自分たちもやってみたいという声がたくさん聞かれた。とくに演奏のあとでみなさんが、一人ひとりに実際に触らせてくださったり、弾かせてくださったりしたのが好評だった」
と言っておられました。

タックスさん：　こんな音域の狭い楽器、面白いかな、と疑問に思ったのですが、みんなで手分けして弾けば複雑な曲も弾けるし、それに「みんなでやる」のは一人でやるより楽しいということがわかりました。

マーチャン： そうそう。来年の２月に京都で、全国各地のシニア・グループが集まって「タブレット・大合奏会」をやるんですって。

夢子バーチャン： わあ、素晴らしい。
センセイ、みんなで参加しましょうよ。

いどっこねえちゃん： 賛成。一泊して京都見物もしたら？
ＰＴＡの皆様もお誘いしてね。

タックスさん： 面白そうですな。

モトメカさん： なんだか修学旅行のノリですな。

■8-2 「電気製品」のサポートもできた

マーチャン： みなさんに、お願いがあります。
今度の金曜日と土曜日、夕陽の丘市生涯教育センターで「市民でんさぽ」があります。
これは、ボランティアが、シニアの方で電気製品がうまく使えていない方のご相談にのるための催しです。
我がクラブも毎年、このイベントのお手伝いをしています。
今年も、よろしくお願いしますね。

モトメカさん： そんなのは「電気屋」に任せりゃいいんだよ。

いどっこねえちゃん： でもさあ。このごろ町の電気屋さんがものすごく減っちゃったのよ。

ママ：　それと、買い物前の相談のときなんか、ほら、いつかの夢子バーチャンがパソコンを買ったときみたいに、「大型テレビの置いてあるお部屋」へ置くパソコンなのに、テレビが見られるパソコンを買わされそうになったでしょ。
やっぱり「少しでも儲かる品物」を売りたいのは人情よ。

シャチョー：　もし、モトメカさんが現役だったら、社員がボランティアで、心底からお客の身になって、安い製品や他社製品をすすめるのを認められる？

モトメカさん：　どっちみち、私には何もできん。行っても無駄だ。

熟年さん：　いつも、新人の方には「受付」をやっていただいています。病院風にいえば「予診」ですね。それと、お手洗いの場所のご案内とか雑用。

タックスさん：　それなら、私にもできる仕事がありそうだ。

モトメカさん：　対象になる範囲はどうなのかな。
デジタル情報通信機器に限定されるのかな。

熟年さん：　とくに決めていません。
今やどの「家電」も多かれ少なかれ「コンピューター」が使われています。また、「市民でんさぽ」に来られる方に、そういう区分を理解していただくのは無理ですから。
ただ「市民でんさぽ」でご相談にのれそうもないものは、わけを話して、別途「相談窓口」をご案内していますから。

8．ひと様のお役に立てた　137

モトメカさん： 冷蔵庫みたいな大きなものは、会場に持ってこられないじゃないか。

熟年さん： 初日に、お話を伺って「たぶん、こういうことでしょう」と一応の解決策をお話して、家に帰って試していただき、それでもダメな場合は２日目にもう一度きていただきます。
いよいよダメなら往診することもあります。

（「市民でんさぽ」の初日）

マーチャン： 今日は、よろしくお願いします。
ちゃんと、ＩＤカードを首からぶら下げてね。

タックスさん： ははぁ。
こういうものをぶら下げると、一応もっともらしく見えますなぁ。

熟年さん： いいですか。相談に来られる方には、品物が持ち運べない大物の場合は、できるだけ「取扱説明書」と「リモコン付きのものはリモコン」を持ってきていただくように、とチラシに書いてあります。
問題が「リモコン」にある——というケースは意外と多いのです。
受付時にそれを確認しておいてください。
例年ですと、その段階で問題が解決するケースが３〜４件はあります。
また、大会本部からの伝言で、まだ残暑が厳しいので「エアコンの不調」は最優先で扱ってほしいとのことでした。
テレビが見えなくても死にません。でも、エアコンの故障は「高齢者のイノチ」にかかわります。
じゃ、無理をせずに頑張ってください。

モトメカさん： 矛盾しておる。無理をしないと頑張れないと思う。

いどっこねえちゃん： はい。最初の方どうぞ。
エアコンですね。「リモコンが思うように動かない」ということですね。
ねえ、ママ、これって「電池切れ」じゃないでしょうか。

ママ： その通り。例年、何件かあるのよ。
えーと、こちら様、足がご不自由そうね。
モトメカさんと、夢子バーチャン、すまないけれど、こちら様の代わり
に隣のコンビニへ行って「単4電池」を2本買ってきてください。
レシートをなくさないようにして、あとで、こちら様からお代をいただ
いてね。

モトメカさん： アルカリ電池とか、リチウム電池とか種類があるんじゃ
ないのかな。

ママ： お店の人に「リモコンに入れます」といえば、わかってくれる
のっ。

タックスさん： 次の方も、エアコンですね。リモコンの文字が読めな
くなった。
リモコンがホコリと油ですっごく汚れていますね。いま、ペーパータオ
ルで拭いてみます。
ああ、これで読めるようになりました。

シャチョー： すごいでねーの。
受付で、バンバン解決しちゃってさ。これじゃ相談員さんは失業だね。

8．ひと様のお役に立てた 139

ママ：　モトメカさん、夢子バーチャン、ご苦労さまでした。

あれっ。もう電池の入れ替えもして差し上げてくれたのね。助かります。

夢子バーチャン：　あの、番号札３番の方、どうぞ、こちらへお越しくださいませ。

「エアコンがちっとも冷えない。むしろ「オン」にしたほうが暑くなる」ということでございますね。

ちょっと、リモコンを拝借いたします。

あーらっ。「運転モード」が「冷房」じゃなくって「暖房」になっていますわ。

はい。「冷房」に切り替えました。

これでたぶん、大丈夫だと思いますわ。

モトメカさん：　次、４番。４番の人、誰ですか。さっさと来なさい。

サポーターの人：　あっ。常務。たしか、肘痛電気におられたモトメカ常務では。

モトメカさん：　あっ。君は確か。あの、えーと。

こういうときに名前が出てこんのだ。

トシだな。長川で一緒だった——。

サポーターの人：　はい。社宅でご一緒でした。奥様には家内が大変お世話になったようで。

私は、その後ずっと技術部門におりました。

４年ほど前に定年になりまして、このＮＰＯのお手伝いをさせてもらっています。

もし、何か、おわかりにくいことがございましたら、奥の部屋におりま

140　8．ひと様のお役に立てた

すのでお声をかけてください。失礼します。

モトメカさん： 　4番の人は？　どこに行ったのだろう。

いどっこねえちゃん： 　あまりお待たせしても悪いからって、熟年さんが代わりにお話を聞いてくださったの。

モトメカさん： 　じゃ、5番の人。こっちへ来なさい。
ケータイのメールの打ち方がわからんというのですね。私と同じだ。
でも、あんたは習いに来るところが感心だ。ドコカ製のNorma0234ですね。
ケータイ担当の人に、連絡するから、ここで名前を呼ばれるまで待っていなさい。

夢子バーチャン： 　6番の方、どうぞ。
テレビのリモコンの反応がイマイチ不安定──ということでございますね。
いつも、リモコンをどっちに向けていらっしゃいます？　大画面の真ん中を向けてですか？
それから、テレビの手前のほうに、お人形ケースや、植木鉢を並べていらっしゃいません？
「あなた、それを、どうしてご存じなの」って？
我が家のお隣のオバアチャマが、そっくり同じことを話していらっしゃったからですわ。
リモコンは、右下のほうにある電源ボタンに向けて「カチッ」と押してくださいませな。
それから、電源ボタンの前には「モノ」を置かないようになさったほうがようございますわよ。

8．ひと様のお役に立てた　141

「よくわかってくださってありがとうございます」ですって？

ふふっ。こういうことは、若い電気屋のオニイサンへ聞いてもわからない。

年寄り同士だからこそ、お互い理解できますの。

タックスさん： 7番の方、どうぞ、こちらへ。

来所者A氏： 近頃の物は扱いにくいねぇ。

息子の家に行ったときに、家内が「オトウチャン、冷蔵庫がしゃべっているよ」と言うんだよ。

確かにしゃべるんだ。たまげたの何のって。

こんな、恐ろしい機械が増えたらいやだな。

A氏の奥さん： あの子の家では「お風呂沸かし器」までが「お風呂が沸きました」なんていうのね。

タックスさん： ところで、今日は何のご相談ですか。

来所者A氏： いや、このDVDプレーヤーがさ、一昨日からまったく鳴らないんだよ。

これ、二階でカラオケの練習するのに、とても重宝していたのに。

タックスさん： ちょっと拝見？ うーむ。わかりませんな。

じゃ、専門家に見てもらうようにしましょう。

マーチャン： 念のためだけど、蓋開けてみた？

タックスさん： あっ。まだです。

ええっ。ＤＶＤが裏返しで入っている。

A氏の奥さん：　あら、お騒がせ。

夢子バーチャン：　あの、8番の方、どうぞ。

来所者Bさん：：　いえね。一昨年、商店街の「親切電気」で、この「掃除機」を買いましたの。
ところがなかの「紙袋」を入れ替えた途端、吸いこみが悪くなりまして。
ご存じのように「親切電気」さんはシャッターを下ろしちゃったでしょ。
ご主人が以前から、儲からないし、息子さんに継ぐ気がないから近くやめるって言っていましたが。
あのお店は、買うと丁寧に使い方を教えてくれたし、修理なんかも気軽にやってくれたのですよ。
当時は「当たり前」と思っていましたが、今思うと、あれが「一番の贅沢」だったのかもしれませんね。
いまじゃ、修理のときは重い機械ぶら下げてバスでビックリ電気までいかなくちゃならないの。

モトメカさん：　もっと、要点だけ短く話せませんか。

いどっこねえちゃん：　いいですよ。今、少し空いてきましたから。ゆっくりお話していただいても。お話を聞くのもボランティアの仕事ですわ。
──わかりますよ。Bさんの気持ち。
買ったところじゃないお店に「相談や修理」で行くのって、何か気が引けますものね。
いっそ、新しいものを買っちゃいたくなりますよね。
「掃除機」ちょっと拝見。ああ、紙袋が、きっちりはまっていませんね。

8. ひと様のお役に立てた　143

はい。これで直りましたよ。

モトメカさん： じゃ、9番の人、来なさい。

来所者C氏： このごろ、寝つきが悪くなりまして。
本は好きなのですが、遅くまで明かりを点けて本を読んでいると、家内が文句を言います。
で、「イヤホン」でラジオの「深夜便」を聴きたいと思うのですが、なぜかラジオの雑音がひどくて。
どうにかならんものか、ご相談に参りました。

モトメカさん： 私も、寝つきが悪い。家内は極めて寝つきがいい。
どうしてオンナは、あんなによく眠れるのか。
横になると同時に「グーグー」寝ている。あれは別の生物だ。
ところで、立ち入ったことを聞きますが、お宅は「戸建て」ですか。

来所者C氏： いや、今はやりの「コンクリート長屋」の7階です。

モトメカさん： ああ、やはりマンションか。ベランダなんかでは、雑音が少ないでしょう。
とにかく、専門家に相談したほうがいい。
この紙を持って、あの待合場所へ行きなさい。

来所者C氏： ありがとうございました。

マーチャン： モトメカさん、結構応対ができるようになったじゃない？　立派なものよ。

いどっこねえちゃん：　１０番の方ですね。どうぞ。

来所者D氏：　すみません。こっち側に椅子を移動させてもいいですか。実は、左耳が難聴なのです。そのせいで、テレビの音がよく聞こえないのです。

それで、ドラマを見たときに「字幕ボタン」を使いました。

ところが、ニュースなんかですと、もともと文字が多いでしょ。

邪魔になるから「字幕」を消そうと思ったのですが、「字幕なしボタン」というか「字幕取り消しボタン」が見つからなくて――。

ご近所にも「リモコンのボタンの使い方がわからない」というオバアチャマがおられて、その方は、テレビをもう一台買って「なんとかモード」のときはこっちのテレビ、「かんとかモード」のときはあっちのテレビと、使い分けているそうですが、うちはテレビを２台おくほどスペースがないし、お金もない。

何とかならんでしょうか。

熟年さん：　確かに、機械類の説明書には「××にする方法」というのは出ていても「××をやめて元に戻す」ための操作説明はないことが多いですね。

ひとつだけお教えします。

「そのボタンをもう一度押す」ことです。そうすると元に戻ることが多いです。

来所者D氏：　ありがとうございます。家が近くですから一旦帰って、試してみます。

でも、もう一度押したら字幕がふたつも出てきたなんてことになったらどうしよう。心配です。

8．ひと様のお役に立てた　145

タックスさん：　１１番の方ですね。どうされました？

来所者Ｅさん：　私も、そのテレビのリモコンの「字幕ボタン」のこと
なんですよ。
ウチの場合「リモコン」に「字幕ボタン」が見つからないのです。
操作説明書ですか、家内が「ごみの日」に捨てたようです。

タックスさん：　確かに「字幕ボタン」、見つかりませんね。
よく、リモコンのどこかに蓋があって、それを開けると表に表示しきれ
なかったボタンが入っていることがあるのですが。

ママ：　うーむ。見つからないわね。
あれっ。ほら、ここが開きそうな気がする。
当たりっ。ここに爪を立てると蓋が開くんだわ。

タックスさん：　私は、昨日、爪を切ったから、この蓋は開けられない。

来所者Ｅさん：　蓋のなかには、普段あまり使わないボタンが入ってい
るのですね。
「字幕」ボタンは、その「普段あまり使わないボタン」なのでしょうか。
ま、いずれにせよわかりました。ありがとうございました。

（「市民でんさぽ」２日目の夕刻）

マーチャン：　お疲れ様でーす。
みなさんにご紹介します。
ＮＰＯ法人「夕陽の丘市民でんさぽ」の理事長さんの電野支人さんです。

理事長： いやあ、みなさん２日間、ご苦労さまでした。

実は、受付をやってくださった「夕陽の丘パソコンクラブ」の皆様の評判がすごくいいのですよ。

アンケートにもですね、

・親身になって話を聞いてくださった
・我々シニアの気持ちをよくわかってくださった
・ツボを押さえた対処方法を教えてもらえた

等々の、回答が多数よせられています。

きっと、普段からマーチャンセンセイに、厳しく鍛えられているからでしょうね。

それに、なんと元大手電機メーカーの常務さんでいらっしゃった方が、ボランティアでこのチームに加わっておられたとか。豪華メンバーですね。

モトメカさん： ど、どうしてそれを——。あっ。

元の職場で一緒だったアイツと昨日会ったな。アイツが吹聴したんだな。

いずれにせよ、とんでもないですよ。

私は、もっぱら、みなさんの足を引っぱっていただけです。

夢子バーチャン： もし、少しでもお役に立てたというのが本当だとすると、それは、私たちが一番来所された方々と近いところに居るからだと思いますわ。

いどっこねえちゃん： うん。そうかもしれない。

私自身も、いまだに「ドジ」と「勘違い」ばかりやっているもの。

それに、正直「電気製品の操作説明書」なんてまともに読んだことはなかったの。

8．ひと様のお役に立てた 147

もちろん、パソコンの説明書は読むけれど。

だから、他人事ではないのね。

来所された方々の話を聞いていると、「ああ、私と同じことをやっておられる」なんて思ってしまうもの。

それとさぁ、年寄りは「手短に要点だけを話す」というのが苦手だということも、よくわかるの。

タックスさん： でも、このイベントを、シニアの方々が、どんなに待っておられるかも、よくわかりました。

年2回とは言わず、4回くらいやって差し上げたいですね。

モトメカさん： リタイヤして以来、ひと様から「お世話になりました」だの「ありがとうございました」だの言われたことはなかった。

こんな私でも、少しでも人のためになれて嬉しい。

理事長さん、マーチャンセンセイ、こういう機会を与えてくれてありがとう。

9．特別講座「スマホとタブレット」

「パソコンとケータイ」という時代がしばらく続きましたが、ここ数年で、ずいぶんいろいろな情報機器が出現しました。まだまだ新しい情報機器が登場することが考えられます。これからは、いろいろな情報機器のなかから、自分の生活や趣味に合った機器を選んで使っていくことになると思います。すなわち、一人ひとりが自分にあったデジタルライフを楽しむ時代になる、ということですね。

　まず、理解していただきたいのは、パソコンも、スマホも、タブレットも、これらはすべて個人用のコンピューターだということです（ということは、パソコンと同じように安全対策も、おさおさ怠りなくやる必要があります）。パソコン、スマホ、タブレットの主な違いは、使う「目的」と「場所」だと思います。

■9-1　それぞれ、どこが違うの?

スマートフォンは、英語で書くと「smart phone」。コンピューターに近いケータイ電話。電話付小型コンピューターですね。スマートというのは、ワンピースのサイズとは関係ありません。直訳すれば「賢い電話」でしょうか。

大きさの違いも、あいまいです。最近、スマホは大きくなりつつあり、タブレットは小さくなりつつあります。タブレットサイズの「小型ノーパソコン」も増えました。

やはり違いは、目的とか、使い方だと思います。

9．特別講座「スマホとタブレット」　149

スマホは、外出するときにカバンに入れて持ち運べる大きさ。
電車のなかで立ったまま、片手で吊革につかまり、残った手でも操作できるサイズ。
そのほかの特長としては、楽しいお遊び系が充実していることです。

タブレット端末と呼ばれているものは、2種類あります。

・スマホのなかの「楽しいお遊び系」を大きな画面で楽しむことを中心に作られているもの。

・ビジネス用のパソコンのうち、持ち運びに、より便利なようにサイズを小さくしたもの（主としてタッチパネル方式です）。ビジネスマンが営業に行くときに持参するのに便利なタブレット。

すでにWindows 8.1のパソコンを使っている方はご存じと思いますが、スマホやタブレットも、入力には「タッチパネル方式」と称する、「指で

触って入力する」やり方を取り入れています。

なかには、手帳鉛筆のような細い棒（タッチペン）で突いて入力できる機種もあります。
また、欲しい「アプリ」は「ストア」というところから手に入れられますが（無料のものも、有料のものも）、スマホ、タブレットも同じです。

パソコンも、タブレットも、スマホも、コンピューターですから、共通して使えるアプリもいろいろあります。メールの送受信、ホームページ閲覧、写真撮影などは、どれでも使えます。ただ、使えるといっても「一応は使える」というのと「満足して使える」という違いはあります。

たとえば「カメラ」。
パソコンにも一応カメラは付いていますが、せいぜい自分の顔が写せるくらいですね。パソコンを持ってカメラ・ハイキングに行く人はいないので、パソコンのカメラにはその程度の機能があれば十分なのです。
一方、スマホのカメラには、安物のデジカメなんか足許にも及ばない凄い性能があったりするのです。

逆に、スマホを使って、長い文章を書いて体裁よく編集するとか、会計報告書を作ったり、ビデオを本格的に編集する、ということを、外出先でやる人はあまりいないので、こういうアプリはひと通りの機能があればいいわけですね。
もちろん、ビジネス向け利用としても、お客さんに見ていただく書類に間違いを発見したから、お客さんのところへ行く途中でちょっと修正したいとか、その程度のニーズには対応できます。

いずれにせよ、スマホは、出先で必要な、あるいは出先でしか必要のな

9．特別講座「スマホとタブレット」 151

いアプリ（ソフト）については、びっくりするほど充実しています。
たとえば、地図情報など。

目的地を地図上で確認できるだけでなく、行き方（どこから地下鉄に乗って、どこの駅で降りて、バスに乗って――など）も詳しく教えてくれます。

■9-2　スマホは、シニアに役に立つか

シニアが外出する際に一番心配なことは、「出先で体調が悪くなったらどうしよう」だと思います。この手の心配対策としては、スマホはおすすめです。

いわゆる「位置情報」をオンにしておくと、外出中に気分が悪くなったときなども、スマホが、家族や救急隊へ自分の居場所を正確に伝えてくれます。

熱中症予防などのための、温度計・湿度計のほか、アバウトではありますが体温計のアプリもあります。近い将来、腕時計型、ペンダント型などの端末と連携して、心拍数などを測って、かかりつけのお医者さんや救急隊へ伝えてくれることも可能になります。

緊急時とは関係ないのですが、健康管理に必要な歩数計も使えます。
入院したとき、寝たきり状態になったときなど、ベッドのなかで使いやすいスマホはシニアにとても好評です。

災害時にも役立ちます。災害時には自分の得られる情報の質・量がものをいいます。「外出時」に災害にあったときには、まず「自分の無事を伝えたい」、そして「家族の安否が知りたい」と思いますが、「災害伝言ダイヤル」が使えるなど、スマホは災害時に重要な役割を果たしてくれます。
テレビやラジオで最新の情報を知ることもできます。

災害時のバッテリーの「持ち」についても、最大で7日ほど長持ち可能な「災害時長持ちモード」で対応できます。

次に心配な、シニアの物忘れ対策にも「度忘れワード検索（検索ソフトにキーワードを入力して探します）」などが使えます。
なによりも、スマホ紛失時の対策アプリ「Androidデバイスマネージャー」などがあるので、心強いです。

上記以外でも外出先でシニアに役立つアプリがいろいろあります。
外出時にランチタイムになったとき、近くにある、シニアの好きな「和食」「うどん・そうめんの店」を探すといったこともできます。

■9-3　お楽しみ系アプリの可能性の拡大

この点に関しては、タブレット（お楽しみ系）とスマホは共通な部分が多いので、まとめてお話しますね。
机の上に置いて、主にマウスとキーボードだけ使うパソコンと違い、スマホやタブレットは、それ自体を動かしたり、振ったりすることもできます。
ですから、そういう機能を使って楽しむアプリもいろいろあります（「Aji Pad」など）。

このように、今までのデジタル機器では実現できなかった新しいアプリが登場しています。下記は、シニア向きのお遊び系アプリですが、たまには「若者の好きなアプリ」も楽しんでみてください。

9．特別講座「スマホとタブレット」　153

★シニア向きのお遊び系アプリ（太字は筆者が使っているもの）
・伝統ゲーム系
碁、将棋、チェス、オセロ、連珠、花札、**百人一首**、いろはかるた、**麻雀**

・伝統的楽器系
琴、尺八、**ピアノ**

・お勉強系
数独、漢字力診断、青空文庫、**英語学習**

お遊び系については、画面の大きいタブレットのほうが、使いやすいものが多いので、外出の機会が少なくお遊び系に興味がある方は、タブレットのほうがおすすめです。

以上で説明は終わりますが、最近「スマートフォン」の使い方を教えてくれる「スマートスクール」も全国に増えています。実物を使って体験してから購入されてもいいと思います。

１０．終業式

ご愛読、ありがとうございました。

マーチャン： はーい。今日の終業式は、桜の散りはじめた夕映えさん
のお宅のお庭で開催します。

みなさんで、一年間お世話になった夕映えさんのお宅と、お庭のお掃除
をしていただきありがとうございました。

介護士さんは週２回、きてくださっているのですが、手が回らないんで
すって。夕映えさん、とても感謝しておられました。

お昼のお弁当は、皆さんの持ち寄りで。

いどっこねえちゃんからは、お寿司ですね。

夢子バーチャンからは、デザートのフルーツパイとコーヒー。

なお、ＰＴＡとして、タックス夫人から、お赤飯と煮物。モトメカ夫人
からは、熱い豚汁を頂戴しました。

そうそう、ヒロシ君のおばあ様から、ピザも届いています。

まず、生徒さんから、この半年間の感想を話していただきます。

順番は、レディーファーストの年齢順にしましょう。

夢子バーチャン： 大変でした。少し疲れました。

でも楽しかったですわ。

この間、息子一家と食事をしたときにも、息子から「なんだか、ママ若
返ったみたい」と言われました。

今後は「パソコンアート・クラブ」で頑張ります。

まずは、素敵な夢いっぱいのクリスマスカードと年賀状のデザインを考えます。

先生方、ありがとうございました。

いどっこねえちゃん：　私もいつも「次のクラス」が楽しみでした。

それと、教わったことが、パソコンだけでないというところが凄いです。

新しいテクノロジーというか、そういうものも一緒に勉強できて。

新聞やテレビのニュースの意味も、以前よりわかるようになったわ。

マーチャンセンセイ、ご指導くださった先輩のみなさま、ありがとうございました。

これからは「ウェブデザイン・クラブ」がんばります。

モトメカさん：　私も、この一年「本当の意味での勉強」ができて感謝しています。

それと、男女共学でいろいろなクラスメイトに出会えたこと、個性的な先輩諸氏にお目にかかれたことにも感謝している。

とくに夕映えさん、あなたに接して、私の人生観は変わったのです。

パソコンも少しは使えるようになった。

来年は、もう一度、基礎の勉強を続けさせてもらいながら、スマホやタブレットの秘密にも迫っていきたいと思っている。

ありがとう。

タックスさん：　私も、勉強を楽しませていただきました。

今までの劣等感みたいなものが少しずつ抜けていくように感じています。

やればできるんですね。

これが５０年前にわかっていれば人生変わっていたかも。

私は、来年は、「ビデオちゃん倶楽部」で頑張ります。

マーチャン： では、次に「ＰＴＡ？」の皆様のご挨拶です。

タックス夫人： タックスの家内です。

この一年、我が家の夕食時の会話は「夕陽の丘パソコンクラブ」の話ばかりです。

それを話すときの主人の顔が輝いていました。

いい人なのですが、少し頼りないところが多く、私は歯がゆくて叱咤勉励しすぎたようです。

それに「ゼッタイ見込みなし」と思っていた、パソコンの知識も私以上になりました。

私も、来年からは、少し仕事を減らして、夕陽の丘パソコンクラブのお手伝いをさせていただくことになりました。

そして、皆さんご計画の一泊旅行にもお供させていただきます。

ありがとうございました。

モトメカ夫人： この一年、よく主人を受け入れてくださいました。ありがとうございました。

なんのかんのと言いながら主人が一番この道場を楽しんでいたようです。

来年は、私もここで勉強させていただくことになりました。

どうぞ、よろしくお願い申し上げます。

ありがとうございました。

ヒロシ君のおばあちゃま： いつも、ヒロシを暖かく受け入れていただき、ありがとうございます。

それと、モトメカさんのおかげで、ヒロシ、内定をいただくことができました。

ヒロシは、今日はどうしても内定した会社へ行かなくてはならないと申しますので、私が代わりにお邪魔させていただきました。

１０．終業式

モトメカさん：　たまたま、ヒロシ君が志望していた会社の常務が、私の同級生だった関係で推薦状を書いたのですが、ご承知のように私はウソは嫌いです。

ヒロシ君のことを心から素晴らしい青年だと思っているからこそ、思っていることをそのまま推薦状に書いただけです。

ご存じのようにヒロシ君は、幼いときに事故でご両親を亡くされました。その後は、おばあさまがお育てになったと伺っています。

私も引き揚げてくる途中で両親を亡くしました。５つのときです。

その後はまだ女学生だった姉が私を育ててくれた。そういう環境で、この性格ですから、学校へ上がるや否や壮烈ないじめにあった。

私はいじめるやつを寄せ付けないように、徹底的に突っ張って暮らしていた。家に帰ると、そんな私を女学校の制服姿の姉が抱きしめてくれた。

ヒロシ君は、おばあさまのおかげで、やさしい思慮深い青年に育った。

会社では「情報機器ユニバーサルデザイン事業本部」で開発を担当することになっている。きっと、いい仕事をしてくれると思っている。

私も、社会人になってからは、こういう激しい性格も目立たなくなっていたのだが、リタイヤしてから、また、困った性格がぶり返していたようだ。みなさんを不愉快にさせてすみません。

いどっこねえちゃん：　そうかそうか、それがわかっていれば、もう少しモトメカさんにやさしくできたのに。

マーチャン：　どうしたの。シーンとなっちゃって。

セレモニーはこれくらいにして、さっ、お昼にしましょうよ。

——完——

◎著者紹介

若宮 正子 （わかみや まさこ）

1935年生まれ。高校卒業後都市銀行へ勤務。定年後パソコンを独習。当時のパソコン通信でシニア仲間との交流による介護ライフ中の生きがいと楽しみを発見。1999年にシニア世代のサイト「メロウ倶楽部」の創設に参画し、現在も副会長を務めているほか、(NPO)ブロードバンドスクール協会理事としてもシニア世代へのデジタル機器普及活動に参画している。自宅で行っている高齢者向けパソコン教室も10年。本年5月TEDxtokyo2014へスピーカーとして登場、多くの聴衆に共感を持って受け入れられた。高齢者向けPC活用術として考案した「ExcelでArtを」はマイクロソフトの公式コミュニティーの記事として寄稿されている。デジタルで創造する喜びを世界に伝えながら、本人も存分に楽しんでいる。

◎本書スタッフ
アートディレクター/装丁：岡田 章志＋GY

表紙・本文イラスト：小谷 正嘉
編集：江藤 玲子

●本書の内容についてのお問い合わせ先
株式会社インプレスR&D　メール窓口
np-info@impress.co.jp
件名に「『本書名』問い合わせ係」と明記してお送りください。
電話やFAX、郵便でのご質問にはお答えできません。返信までには、しばらくお時間をいただく場合があります。なお、本書の範囲を超えるご質問にはお答えしかねますので、あらかじめご了承ください。
また、本書の内容についてはNextPublishingオフィシャルWebサイトにて情報を公開しております。
http://nextpublishing.jp

●落丁・乱丁本はお手数ですが、インプレスカスタマーセンターまでお送りください。送料弊社負担 にてお取り替えさせていただきます。但し、古書店で購入されたものについてはお取り替えできません。

■読者の窓口
インプレスカスタマーセンター
〒101-0051
東京都千代田区神田神保町一丁目105番地
TEL 03-6837-5016／FAX 03-6837-5023
info@impress.co.jp
■書店／販売店のご注文窓口
株式会社インプレス受注センター
TEL 048-449-8040／FAX 048-449-8041

花のパソコン道【ワイド版】
パソコンでいきいきライフ─熟年さんのパソコン物語

2014年9月5日　初版発行Ver.1.0（PDF版）
2017年2月24日　ワイド版

著　者　若宮 正子
編集人　桜井 徹
発行人　井芹 昌信
発　行　株式会社インプレスR&D
　　　　〒101-0051
　　　　東京都千代田区神田神保町一丁目105番地
　　　　http://nextpublishing.jp/
発　売　株式会社インプレス
　　　　〒101-0051　東京都千代田区神田神保町一丁目105番地

●本書は著作権法上の保護を受けています。本書の一部あるいは全部について株式会社インプレスR&Dから文書による許諾を得ずに、いかなる方法においても無断で複写、複製することは禁じられています。

©2014 Masako Wakamiya All rights reserved.
印刷・製本　京葉流通倉庫株式会社
Printed in Japan

ISBN978-4-8443-9758-8

NextPublishing®

●本書はNextPublishingメソッドによって発行されています。
NextPublishingメソッドは株式会社インプレスR&Dが開発した、電子書籍と印刷書籍を同時発行できるデジタルファースト型の新出版方式です。http://nextpublishing.jp/

[好評既刊]　NextPublishing　　　　　　　　◎インプレスR&D

おとなのIT法律事件簿
弁護士が答えるネット社会のトラブルシューティング

◎蒲 俊郎　著
◎印刷書籍版：A5正寸判／228ページ／小売希望価格 1,886円（税別）
◎電子書籍版：EPUB3/PDF ／小売希望価格 1,200円（税別）
◎ISBN：978-4-8443-9576-8

おとなが読んで・知って・まもる　こどもiPad

◎吉田 メグミ　著
◎印刷書籍版：A5正寸判／122ページ／小売希望価格 1,400円（税別）
◎電子書籍版：EPUB3/PDF ／小売希望価格 900円（税別）
◎ISBN：978-4-8443-9600-0

日本のICT教育にもの申す！
教育プラットフォームによる改革への提言

◎関島 章江　著
◎印刷書籍版：A5正寸判／124ページ／小売希望価格 1,600円（税別）
◎電子書籍版：EPUB3/PDF ／小売希望価格 1,200円（税別）
◎ISBN：978-4-8443-9594-2

ITの正体
なぜスマホが売れるとクルマが売れなくなるのか？

◎湧川 隆次／校條 浩　著
◎印刷書籍版：四六正寸判／266ページ／小売希望価格 2,300円（税別）
◎電子書籍版：EPUB3/PDF ／小売希望価格 1,400円（税別）
◎ISBN：978-4-8443-9611-6

[既刊一覧] NextPublishing

◎ インプレスR&D

日本のIT なんか変? ◎ 木内 里美 [著]

これからの「教育」の話をしよう ◎ 学校広報ソーシャルメディア活用勉強会 [編]

iPadでは物足りない人のための Nexus 7スピード入門 ◎ 塩田 紳二 [著]

MacでWindowsを使う本 ◎ 向井 領治 [著]

毒の告発 ◎ 和多田 進 [著]

文具王・高畑正幸とカラクリ大好き・大谷和利が見つけた 3DプリンタCellPの楽しみ方
◎ 高畑 正幸／大谷 和利 [著]

Aterm MR03LN 超入門 ◎ 村上 俊一 [著]

Facebookは初期設定で使うな! ◎ インプレスジャパン編集部 [編]

Gmailは初期設定で使うな! ◎ インプレスジャパン編集部 [編]

LINE＆Twitterは初期設定で使うな! ◎ インプレスジャパン編集部 [編]

SIMフリー超入門 iPhone編／ Android編 ◎ 武井 一巳 [著]

スマホ白書 2013-2014 ◎ 一般社団法人モバイル・コンテンツ・フォーラム (MCF) [編]

インターネット白書 2013-2014 ◎ インターネット白書編集委員会 [編]

挫折のすすめ ◎ 平石 郁生 [著]

ヘンクツジイさん、山に登れば ◎ 林 灰二 [著]

剣人 ◎ 星野 秀樹 [著]

未完成 ◎ 成瀬 洋平 [著]

黒部の風 ◎ 砂永 純子 [著]

今、見直す HTML ◎ 林 拓也 [著]

今、見直す CSS ◎ 林 拓也 [著]